深智數位
股份有限公司

深智數位
股份有限公司

深智數位
股份有限公司

深智數位
股份有限公司

前言

隨著人工智慧（Artificial Intelligence，AI）技術的高速發展，我們正在見證一場技術的革新，它正以前所未有的速度和規模重塑著我們的世界。在這場技術革新中，已經出現了很多具有代表性的人工智慧生成內容（Artificial Intelligence Generated Content，AIGC）產品，如 ChatGPT 和 Midjourney，它們不僅展示了 AI 的強大能力，更開啟了人類與 AI 協作創作的新紀元。

以本書要討論的 AI 影像生成模型為例，無論是專業的藝術家還是業餘藝術同好，都可以利用 Midjourney、DALL·E 等工具，透過簡單的提示語（Prompt，即文字描述）創作出精美的影像，將使用者的想像轉為具體的視覺呈現，極大地拓寬了創作的空間。與以往相比，我們不必深入學習繪畫技巧或花費大量時間學習影像處理軟體的使用方法，就能輕鬆創作出具有特定風格的藝術作品。

在 2022 年，一系列基於擴散模型的「天才畫師」相繼出現，例如 DALL·E 2、Imagen、Stable Diffusion、Midjourney v4 等。讓人興奮的是，這些 AI 影像生成模型並非曇花一現，而是為更多、更出色的 AI 影像生成模型鋪平了道路。在 2023 年，透過最佳化演算法架構和訓練資料，這些模型相繼升級為 DALL·E 3、Imagen 2、Stable Diffusion XL（SDXL）、Midjourney v5/v6。可以預見，未來 AI 影像生成模型的生成能力、編輯能力仍將持續提升。它們背後使用的便是本書要討論的擴散模型，該模型在文字描述的控制下從雜訊出發，逐步去除雜訊得到清晰影像。圖 0-1 所示為使用 Midjourney v6 生成的創意影像。

可以看出，Midjourney 模型根據使用者的指令不僅可以生成高品質的影像，還能創造出新穎的視覺內容。

隨著 AI 影像生成模型的火熱發展，除了正在研發和探索 AI 影像生成演算法、AI 應用的專業人士，很多其他領域的演算法工程師、產品經理、藝術創作者、投資人也非常熱衷於探索 AI 影像生成演算法背後的技術原理和發展趨勢。

藝術創作者擔心自己會被 AI 影像生成模型所取代。他們覺得，未來的 AI 影像生成模型應該會和現在的電腦輔助設計（Computer-Aided Design，CAD）技術一樣普及，如果不儘快掌握 AI 影像生成模型的使用方法，並把它整合到自己的工作流程中，可能就要面臨被 AI 影像生成模型取代的風險。有多年工作經驗的資深產品經理在負責 AI 影像生成專案時，發現自己聽不懂演算法工程師的討論，追問時卻常常得到「產品經理不需要深入了解這方面的問題」的回應。即使是有相關知識基礎的演算法工程師，也發現傳統的深度學習方法和 AI 新技術中間有很大的知識鴻溝。因為缺乏指導，很多時候他們只能呼叫現成的 AI 影像生成模型簡單試玩，新技術的原理對自己來說仍然是「黑盒」。

▲ 圖 0-1　使用 Midjourney v6 生成的創意影像

　　甚至投資人、CEO 等也在有意識地提高自己對 AI 影像生成技術的理解和能力邊界的認識，他們常會在閒暇時間與演算法工程師討論相關知識。因為清楚了解 AI 影像生成背後的邏輯，有助他們從公司角度來調整下一步的產品戰略。

　　關於 AI 影像生成模型，人們經常追問的問題可以總結為以下 3 個。

- 為什麼 Stable Diffusion 等 AI 影像生成模型一出現，生成對抗網路（Generative Adversarial Network，GAN）就黯然失色了？
- Midjourney 憑藉 AI 影像生成取得了巨大成功，它可能採用了哪些獨特的演算法方案？

iii

- 我能否訓練一個自己專屬的 AI 影像生成模型，隨心所欲地生成富有創意的內容？

本書將和讀者一同揭開這些問題的答案，探索 AI 影像生成技術的奧秘。本書旨在介紹 AI 影像生成模型的核心技術和實踐技巧，既適合 AI 影像生成領域的從業者，尤其是軟體開發人員、產品經理閱讀，也適合對 AI 影像生成感興趣的科學研究人員和電腦相關專業的學生閱讀。

本書將從深度學習的基礎知識開始講解，探討影像生成技術從 GAN 到擴散模型的技術演化，分析 Stable Diffusion 模型背後的演算法原理，解讀 DALL·E 系列、Midjourney 系列、SDXL 等模型背後的技術方案，並展望 AI 影像生成模型未來的發展趨勢。本書包含大量範例程式和使用 AI 影像生成模型生成的插圖，將幫助讀者在感受 AI 影像生成模型的強大功能的同時，深入理解影像生成技術的理論基礎，並能夠將所學知識應用於實際的 AI 影像生成專案。本書共 6 章。

第 1 章是 AIGC 基礎。本章先介紹 AIGC 領域正在發生的變革及相關產品，包括影像生成、大型語言模型（Large Language Model，LLM）、多模態大型語言模型（Multimodal Large Language Model，MLLM）等許多 AIGC 工具，再系統講解與 AI 影像生成相關的深度學習基礎知識，包括神經網路和多模態模型中的核心概念，為讀者展開 AIGC 世界的全景圖。

第 2 章是影像生成模型：GAN 和擴散模型。本章先介紹影像生成技術，從 VAE 到 GAN 到基於流的模型再到擴散模型的演化，然後介紹 GAN 和擴散模型的演算法原理和組成模組，為讀者理解 Stable Diffusion、Midjourney、DALL·E 3 等經典解決方案做好鋪陳。

第 3 章是 Stable Diffusion 的核心技術。本章先介紹 VAE 和 CLIP 這兩個重要模組，以及交叉注意力機制的演算法原理；再探討擴散模型如何結合 VAE、CLIP 和交叉注意力機制升級為 Stable Diffusion。

第 4 章是 DALL·E 2、Imagen、DeepFloyd 和 Stable Diffusion 影像變形的核心技術。本章介紹 DALL·E 2、Imagen、DeepFloyd 等模型的設計想法與演算法原理，以及 Stability AI 推出的對標 DALL·E 2 影像變形功能的 Stable Diffusion 影像變形。

第 5 章是 Midjourney、SDXL 和 DALL·E 3 的核心技術。本章首先根據 Midjourney 的演算法效果和已揭露資訊推測其背後的技術方案；然後解讀完全開放原始碼的 SDXL 模型，分析其相比於 Stable Diffusion 效果提升的原因；最後探討 DALL·E 3 模型的技術方案，展望未來影像生成領域的技術發展趨勢。

第 6 章是訓練自己的 Stable Diffusion。本章從實戰角度出發，探討如何利用 Stable Diffusion WebUI 繪畫工具及 Civitai、Hugging Face 等開放原始碼社區進行創作。同時，本章還會介紹 LoRA 實現低成本 Stable Diffusion 模型微調的原理，並透過程式實戰微調特定風格的 AI 影像生成模型。

以 AI 影像生成為代表的 AIGC 領域，其技術的發展日新月異。儘管本書盡力提供 AI 影像生成模型的最新資訊和知識，但難免會有疏漏或需要更新的地方。如果讀者有任何建議、疑問或想法，歡迎透過電子郵件聯繫我，我的電子郵件是 nanke-future-ai@hotmail.com。你們的每個回饋對我來說都非常寶貴，將幫助我不斷完善本書，同時也助力我們共同學習和不斷成長。為方便讀者學習，本書範例只呈現了核心原始程式碼，完整原始程式碼可以從 GitHub 網站下載，下載連結為 https://github.com/NightWalker888/multimodal_generation_code。

最後，我要對所有支援本書的人表示深深的感謝，特別要感謝人民郵電出版社的編輯和極客時間平臺的工作人員。他們的專業指導、資源支援和不懈努力對本書的完成有著至關重要的作用。我還要感謝選擇本書的讀者，希望你們能夠學有所得。

願我們的 AI 影像生成之旅充滿啟發和創造力！

南柯

目錄

第 1 章 AIGC 基礎

1.1 身邊的 AIGC 1-2
    1.1.1 影像生成和編輯類工具 1-2
    1.1.2 文字提效類工具 1-3
    1.1.3 音訊創作類工具 1-5
1.2 神經網路 1-7
    1.2.1 類神經元 1-7
    1.2.2 啟動函數 1-9
    1.2.3 類神經網路 1-10
    1.2.4 損失函數 1-14
    1.2.5 最佳化器 1-14
    1.2.6 卷積神經網路 1-16
1.3 多模態模型 1-21
    1.3.1 認識模態 1-21
    1.3.2 典型多模態模型 1-23
    1.3.3 參數量 1-24
    1.3.4 計算量 1-25
1.4 小結 1-27

第 2 章　影像生成模型：GAN 和擴散模型

- 2.1 影像生成模型的技術演化 2-2
  - 2.1.1 第一代影像生成模型：VAE 2-2
  - 2.1.2 第二代影像生成模型：GAN 2-3
  - 2.1.3 第三代影像生成模型：基於流的模型 2-4
  - 2.1.4 第四代影像生成模型：擴散模型 2-5
  - 2.1.5 第五代影像生成模型：自迴歸模型 2-5
- 2.2 「舊畫師」GAN 2-6
  - 2.2.1 生成對抗原理 2-6
  - 2.2.2 生成能力的進化 2-9
  - 2.2.3 GAN 時代的「圖生圖」 2-15
  - 2.2.4 GAN 的技術應用 2-18
- 2.3 「新畫師」擴散模型 2-20
  - 2.3.1 加入雜訊過程：從原始影像到雜訊圖 2-20
  - 2.3.2 去除雜訊過程：從雜訊圖到清晰影像 2-22
  - 2.3.3 訓練過程和推理過程 2-25
  - 2.3.4 擴散模型與 GAN 2-28
- 2.4 擴散模型的 U-Net 模型 2-28
  - 2.4.1 巧妙的 U 形結構 2-29
  - 2.4.2 損失函數設計 2-35
  - 2.4.3 應用於擴散模型 2-37
- 2.5 擴散模型的採樣器 2-38
  - 2.5.1 採樣器背後的原理 2-38
  - 2.5.2 如何選擇採樣器 2-41
- 2.6 訓練一個擴散模型 2-42
  - 2.6.1 初探擴散模型：輕鬆入門 2-43

	2.6.2 深入擴散模型：訂製藝術 2-48
2.7	小結 2-51

第 3 章 Stable Diffusion 的核心技術

3.1	影像的「壓縮器」VAE 3-2
	3.1.1 從 AE 到 VAE 3-2
	3.1.2 影像插值生成 3-9
	3.1.3 訓練「餐廳評論機器人」.. 3-12
	3.1.4 VAE 和擴散模型 3-13
3.2	讓模型「聽話」的 CLIP 3-14
	3.2.1 連接兩種模態 3-15
	3.2.2 跨模態檢索 3-19
	3.2.3 其他 CLIP 模型 3-22
	3.2.4 CLIP 和擴散模型 3-24
3.3	交叉注意力機制 3-25
	3.3.1 序列、詞元和詞嵌入 3-26
	3.3.2 自注意力與交叉注意力 3-29
	3.3.3 多頭注意力 3-31
3.4	Stable Diffusion 是如何工作的 3-37
	3.4.1 Stable Diffusion 的演化之路 3-38
	3.4.2 潛在擴散模型 3-40
	3.4.3 文字描述引導原理 3-42
	3.4.4 U-Net 模型實現細節 3-44
	3.4.5 反向描述詞與 CLIP Skip 3-51
	3.4.6 「圖生圖」實現原理 3-51
3.5	小結 3-55

第 4 章 DALL·E 2、Imagen、DeepFloyd 和 Stable Diffusion 影像變形的核心技術

- 4.1 里程碑 DALL·E 2 4-2
  - 4.1.1 DALL·E 2 的基本功能概覽 4-2
  - 4.1.2 DALL·E 2 背後的原理 4-5
  - 4.1.3 unCLIP：影像變形的魔法 4-10
  - 4.1.4 DALL·E 2 的演算法局限性 4-11
- 4.2 Imagen 和 DeepFloyd 4-12
  - 4.2.1 Imagen vs DALL·E 2 4-13
  - 4.2.2 Imagen 的演算法原理 4-14
  - 4.2.3 文字編碼器：T5 vs CLIP 4-16
  - 4.2.4 動態設定值策略 4-19
  - 4.2.5 開放原始碼模型 DeepFloyd 4-21
  - 4.2.6 升級版 Imagen 2 4-25
- 4.3 Stable Diffusion 影像變形 4-25
  - 4.3.1 「圖生圖」vs 影像變形 4-26
  - 4.3.2 使用 Stable Diffusion 影像變形 4-27
- 4.3.3 探秘 Stable Diffusion 影像變形模型背後的演算法原理 4-30
- 4.4 小結 4-32

第 5 章 Midjourney、SDXL 和 DALL·E 3 的核心技術

- 5.1 推測 Midjourney 的技術方案 5-2
  - 5.1.1 Midjourney 的基本用法 5-2
  - 5.1.2 各版本演化之路 5-4
  - 5.1.3 技術方案推測 5-7

5.2	SDXL 的技術方案與使用	5-12
	5.2.1　驚豔的繪圖能力	5-13
	5.2.2　使用串聯模型提升效果	5-15
	5.2.3　更新基礎模組	5-16
	5.2.4　使用 SDXL 模型	5-18
5.3	更「聽話」的 DALL·E 3	5-21
	5.3.1　體驗 DALL·E 3 的功能	5-21
	5.3.2　資料集重新描述	5-22
	5.3.3　生成資料有效性	5-25
	5.3.4　資料混合策略	5-26
	5.3.5　基礎模組升級	5-28
	5.3.6　擴散模型解碼器	5-31
	5.3.7　演算法局限性	5-32
5.4	小結	5-33

第 6 章　訓練自己的 Stable Diffusion

6.1	低成本訓練神器 LoRA	6-2
	6.1.1　LoRA 的基本原理	6-2
	6.1.2　LoRA 的程式實現	6-3
	6.1.3　用於影像生成任務	6-6
6.2	Stable Diffusion WebUI 體驗影像生成	6-7
	6.2.1　本地 AI 影像生成模型	6-9
	6.2.2　開放原始碼社區中的模型	6-11
	6.2.3　體驗 AI 影像生成功能	6-12
	6.2.4　將多個模型進行融合	6-15
	6.2.5　靈活的 LoRA 模型	6-18

6.3	Stable Diffusion 程式實戰	6-24
	6.3.1 訓練資料準備	6-24
	6.3.2 基礎模型的選擇與使用	6-28
	6.3.3 一次完整的訓練過程	6-30
6.4	小結	6-34

1

AIGC 基礎

歡迎進入 AI 影像生成的奇幻世界！在這個世界裡，演算法與藝術的交織創造出無限的可能。DALL·E 3、Midjourney v6、Stable Diffusion、SDXL 等模型毫無疑問是 AI 影像生成領域內備受矚目的「明星」。這些模型創作的影像都屬於 AIGC。

在正式討論 AI 影像生成前，本章先從 AIGC 開始講解，幫助讀者了解 AIGC、AI 影像生成、ChatGPT 這些紛繁概念背後的聯繫。作為全書的開篇，本章將探討以下 4 類問題。

- 有哪些 AIGC 相關工具已經走進了我們的日常生活？

- AIGC 技術背後是各種各樣的模型，組成這些模型的類神經網路是一個怎樣的結構？

- GPT-4 Vision（簡稱 GPT-4V）、Midjourney 和 Gemini 都是典型的多模態模型，它們背後分別進行著怎樣的模態轉換？

- 模型的參數量和計算量該如何計算？無論是探討 AI 影像生成還是 ChatGPT，參數量和計算量始終是繞不開的話題。對於不同硬體平臺和使用場景，需要對模型架構和性能進行不同最佳化，達到合理的參數量和計算量。

1.1 身邊的 AIGC

在 YT 或 FB 這樣的內容平臺，專業生產內容（Professionally Generated Content，PGC）和使用者生產內容（User Generated Content，UGC）隨處可見。與之相比，AIGC 可以看作各種 AI 模型生產的「原創」內容，包括文字、影像、音訊、視訊等多種形式。AIGC 工具已經悄然滲透到我們的工作、生活中，並被廣泛用於文案創作、影像設計、音樂製作、數字人直播、文件輔助閱讀、視訊合成等場景。

1.1.1 影像生成和編輯類工具

AI 影像生成模型是利用 AI 技術，特別是深度學習模型，來生成或編輯影像和視訊的軟體。這些工具可以根據使用者輸入的文字描述生成新穎的影像和視訊，或對現有的影像和視訊進行編輯和風格轉換。它們被廣泛應用於藝術創作、娛樂、廣告、教育等領域，能夠極大地提高創作效率，拓展創意的邊界。舉例來說，設計師可以使用這些工具進行輔助影像設計，創作出獨特的作品；插畫師可以透過訓練特定風格的 AI 影像生成模型，生成具有個人特色的畫作。

典型的 AI 影像生成模型包括 Midjourney、DALL·E 3、Stable Diffusion WebUI 等，其中，Midjourney 可以在 Discord 平臺中使用，DALL·E 3 可以在 ChatGPT 的聊天框中使用，Stable Diffusion WebUI 則可以安裝到個人電腦上使用（第 6 章將講解如何安裝和使用 Stable Diffusion WebUI）。圖 1-1 所示為分別使用 Midjourney、DALL·E 3 和 SDXL 生成的創意影像。

（a）Midjourney　　　　（b）DALL·E 3　　　　（c）SDXL

▲ 圖 1-1　使用 AI 影像生成模型生成創意影像

在影像編輯領域，Canva 和 Firefly 透過 AI 演算法簡化影像的設計和編輯流程。Canva 提供給使用者豐富的範本和設計項目，非設計專業人士透過它也能快速創作專業視覺內容。它的 AI 系統能自動推薦與專案主題相匹配的設計項目，實現影像快速編輯和個性化設計。Firefly 專注於影像編輯和增強，利用影像辨識技術自動最佳化影像的光線、色彩，進行基於內容感知的修復。它能理解影像上下文，實現智慧編輯，例如自動刪除雜物、改善構圖或增加特定視覺效果。Canva 和 Firefly 降低了影像編輯技術門檻，提供給使用者了創意和個性化表達的工具，適用於社交媒體內容生成、商業廣告設計和藝術創作等領域。

1.1.2　文字提效類工具

以 ChatGPT 為代表的大型語言模型，能夠根據使用者的輸入自動生成文章、故事、程式等文字內容。類似的工具還包括 Anthropic 公司開發的 Claude、Google 公司開發的 Gemini 等。

這些工具透過深度學習模型理解語言的結構和含義，從而提供連貫的、邏輯性強的文字輸出，它們被廣泛應用於輔助寫作、內容創作、輔助程式設計等場景，能夠幫助使用者提高寫作效率，激發創意思維，甚至輔助使用者解決程式設計問題。舉例來說，作家可以使用這些工具自動生成故事，在作品中引入新的角度和創意；工程師可以上傳程式，使用這些工具進行程式校正和改寫，提高程式設計效率。使用 ChatGPT 進行故事創作和使用 Copilot 進行程式撰寫的範例分別如圖 1-2 和圖 1-3 所示。

▲ 圖 1-2 使用 ChatGPT 進行故事創作

▲ 圖 1-3 使用 Copilot 進行程式撰寫

在文件分析領域，大型語言模型可以幫助使用者高效率地完成財報分析、文件閱讀等複雜任務。這些模型能夠理解文件內容，提取關鍵資訊，甚至進行情感分析和趨勢預測，從而幫助使用者提升工作效率和決策的準確性。舉例來說，金融分析師可以利用基於這些模型的工具快速理解財報中的重要資料並進行趨勢預測，做出更精準的投資決策；研究人員可以利用基於這些模型的工具快速了解論文中的方法和結論。典型的文件分析工具包括 ChatGPT、Gemini、Claude 和 Kimi 等，圖 1-4 為上傳 PDF 文件使用 AI 輔助閱讀論文的範例。

▲ 圖 1-4 使用 AI 輔助閱讀 PDF

1.1.3 音訊創作類工具

AIGC 技術在音訊創作領域展現出了巨大的潛力和創造力，尤其在語音和文字互相轉換、語音合成和音樂創作等方面。舉例來說，OpenAI 的 Whisper 可以將語音轉為文字，為音視訊提供精準的字幕、為會議形成詳細的記錄；Amazon 的 Polly 可以將文字內容轉為自然流暢的語音，為虛擬幫手、有聲讀物等應用提供支援；AIVA、Amper 等工具可以根據給定的風格、節奏或旋律線索創作出全新的音樂作品，其應用範圍涵蓋作曲、編曲和歌詞創作等領域。圖 1-5 為 Whisper 專案。

第 1 章 AIGC 基礎

▲ 圖 1-5 OpenAI 的 Whisper 專案

　　以上提及的 AIGC 工具，不過是冰山一角。隨著技術的不斷進步，相信會有更多的 AIGC 工具走進我們的生活。本書的目標是深入探索 AI 影像生成技術，為有一定數學基礎和 Python 程式設計能力的讀者提供一條全面、系統的學習路徑。希望透過閱讀本書，讀者不僅能夠理解 AIGC 的原理和應用，還能親手實踐，將理論轉化為實際應用能力。

　　下面將從最基礎的「一個神經元」開始，逐步建構整個神經網路模型的理論框架，幫助讀者建立對 AI 影像生成基礎概念的認知。我們會探索這些神經元如何透過學習和適應，形成能夠處理複雜任務的網路結構。

1-6

1.2 神經網路

還記得高中生物課上介紹的神奇的神經元細胞嗎？它們是組成人腦的奇妙「微觀世界」，圖 1-6 展示的便是一個神經元細胞。許多樹突猶如感覺的觸角，承接著來自外界的訊號。神經元的細胞體，則像一個小型處理中心，用於整合這些訊號，並在關鍵的「路口」軸丘處做出決策：這些訊號足夠強烈嗎？足以觸發神經衝動嗎？如果答案是肯定的，軸突和突觸就會像接力賽一樣將這些訊號（即興奮或抑制的電流）傳遞到下一個神經元。

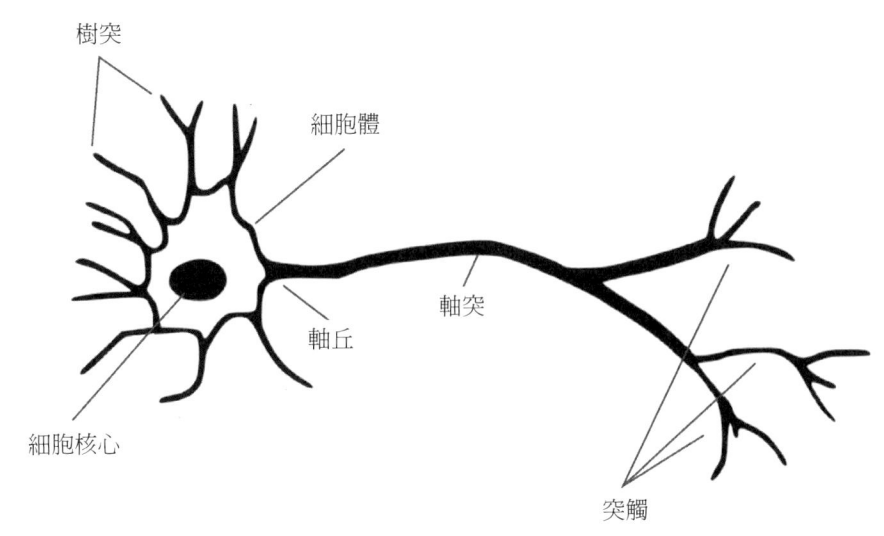

▲ 圖 1-6 神經元細胞示意

1.2.1 類神經元

組成各種 AI 模型的「微觀世界」與組成人腦的神經元類似，叫作類神經元，圖 1-7 所示為一個簡單的類神經元。這個類神經元由 3 部分組成：輸入部分（類似於樹突結構）、處理單元（類似於細胞體結構）和輸出部分（類似於軸突結構）。

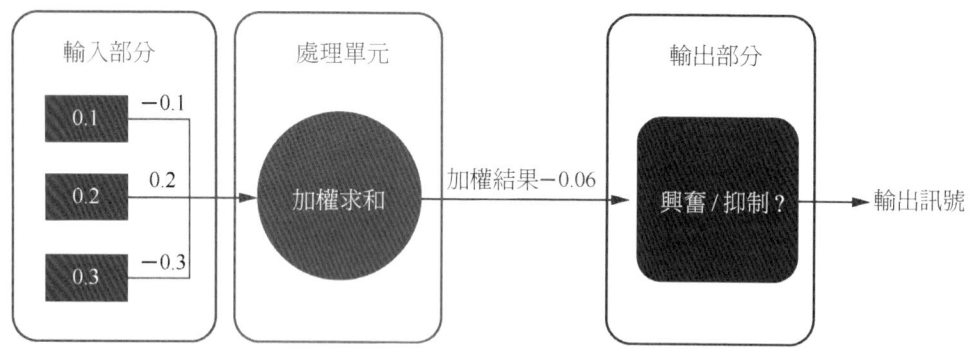

▲ 圖 1-7 類神經元示意

類神經元處理資料的流程可以分成以下 3 步。

（1）類神經元接收多個輸入訊號，如圖 1-7 中的輸入訊號 0.1、0.2、0.3。

（2）模擬細胞體處理訊號的過程，使用可學習的權重（Weight）對輸入訊號進行加權求和。假定當前的 3 個可學習的權重為 -0.1、0.2、-0.3，加權結果的計算方式為：$0.1\times(-0.1)+0.2\times 0.2+0.3\times(-0.3)=-0.06$。

（3）使用啟動函數確定這個類神經元的最終輸出訊號。假定使用簡單的步階函數作為啟動函數，輸入值小於 0 時輸出值為 0，輸入值大於或等於 0 時輸出值為 1。在這個例子中，加權求和的結果為 -0.06，經過步階函數後得到數值 0，代表輸出訊號為一個「抑制訊號」，就像軸丘決定不觸發神經衝動一樣。這個輸出訊號，便是傳遞給下一個類神經元的資訊。

實際上，在步驟 2 使用可學習的權重對訊號進行加權求和的過程中，需要引入另一個可學習的偏置（Bias）。一個類神經元處理資料的過程可以簡記為式（1.1）：

$$y = \text{Activation}(\boldsymbol{W}\boldsymbol{x}+b) \tag{1.1}$$

其中，W 和 b 分別表示可學習的權重和偏置，x 表示類神經元的輸入訊號，y 表示類神經元的輸出訊號，Activation 表示啟動函數。

1.2.2 啟動函數

啟動函數是神經網路中的非線性轉換，用於決定類神經元的輸出。在沒有啟動函數的情況下，無論神經網路有多少層類神經元，輸出都是輸入的線性組合，這大大限制了神經網路的表達能力和複雜度。啟動函數引入非線性因素，使得神經網路能夠學習和模擬任何複雜的函數，從而處理更複雜的任務，如影像辨識、語音處理等。

常見的啟動函數有 sigmoid 函數、雙曲正切（tanh）函數、修正線性單元（Rectified Linear Unit，ReLU，即線性整流）函數、高斯誤差線性單元（Gaussian Error Linear Unit，GELU）函數、洩漏修正線性單元（Leaky ReLU）函數、Swish 函數等，這些啟動函數的程式實現如程式清單 1-1 所示，將這段程式進行一些視覺化處理，可以得到各啟動函數的曲線，如圖 1-8 所示。

→ 程式清單 1-1

```
from math import e
from scipy.stats import norm
import numpy as np

def custom_Sigmoid(x):
    return 1/(1+e*(-x))

def custom_Tanh(x):
    return 2 * custom_Sigmoid(2*x) - 1

def custom_ReLU(x):
    return max(0, x)

def custom_Swish(x):
    return x / (1 + np.exp(-x))
```

```
def custom_GELU(x):
    return x * norm.cdf(x)

def custom_Leaky_ReLU(x, alpha = 0.01):
    return max(alpha * x, x)
```

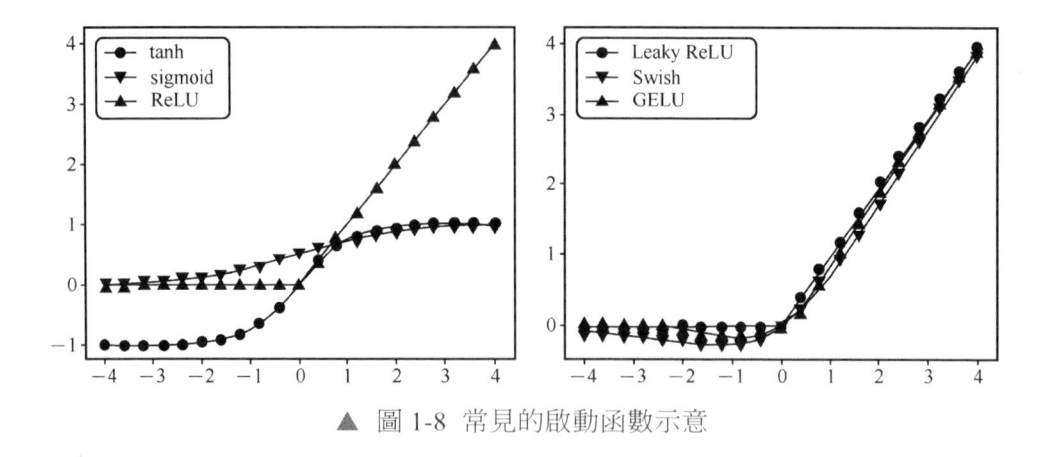

▲ 圖 1-8 常見的啟動函數示意

1.2.3 類神經網路

將多個類神經元組合到一起，按照分層結構的形式對其進行排列，便獲得了類神經網路。從功能的維度來看，類神經網路可以分為輸入層、隱藏層和輸出層。

輸入層標誌著類神經網路處理流程的開始，它負責接收待處理的原始資料。舉例來說，在影像辨識任務中，輸入層接收的資料是影像的像素值；在文字處理任務中，輸入層則接收字元或單字的編碼形式的資料。輸入層為類神經網路提供了必要的資料，後續的隱藏層和輸出層對這些資料進行進一步的分析和處理。

1.2 神經網路

隱藏層是類神經網路的核心，其主要任務是從輸入資料中取出有用的特徵和模式。該層位於類神經網路的內部，不與外界直接互動，對資料進行內部加工和分析。所謂的「深度學習」實際上就是使用擁有多個隱藏層的類神經網路結構。隱藏層內的類神經元透過啟動函數引入非線性因素，這個機制顯著提升了類神經網路對複雜資料模式的學習和表達能力。

輸出層位於類神經網路的末端，它的職責是將經過隱藏層處理的資料轉換成特定格式的輸出。在分類任務中，輸出層會舉出各個類別的預測機率；在迴歸任務中，輸出層則輸出一個連續的預測數值。透過這種方式，輸出層確保了類神經網路能夠根據不同的應用需求提供有意義和具體的輸出結果。

從輸入層接收原始資料，再經過隱藏層處理資料，最終得到輸出資料的過程，被稱為網路的前向傳播。圖 1-9 所示的類神經網路的前向傳播過程可以表示為式（1.2）：

$$y = W_3(\text{ReLU}(W_2(\text{ReLU}(W_1 x + b_1)) + b_2)) + b_3 \qquad (1.2)$$

其中定義了一系列網路參數，即權重 W_1、W_2、W_3 和偏置 b_1、b_2、b_3。這些參數便是深度學習模型要學習的內容。

為了進一步幫助讀者理解「權重與模型」的概念，我們使用程式清單 1-2 架設圖 1-9 所示的類神經網路。

第 1 章　AIGC 基礎

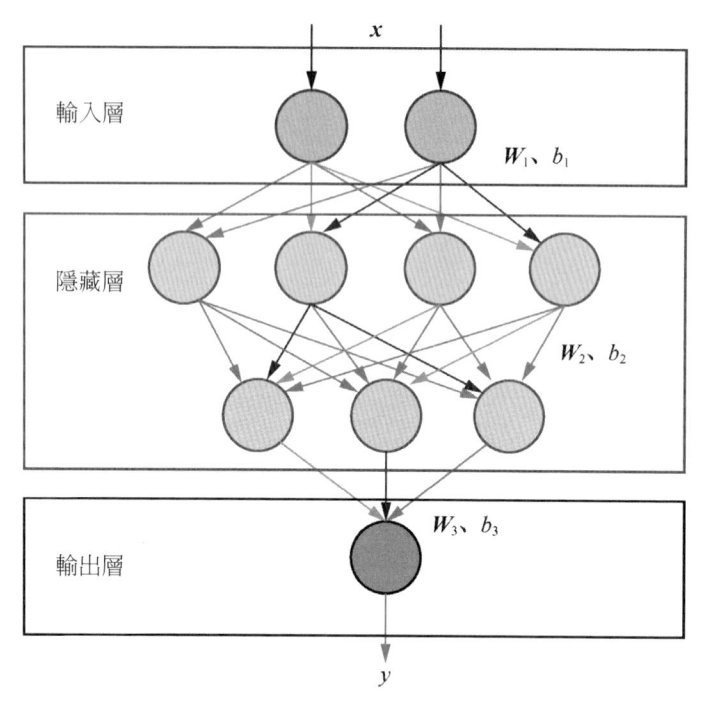

▲ 圖 1-9　類神經網路示意

→ 程式清單 1-2

```
import numpy as np

# ReLU 啟動函數
def ReLU(x):
    return np.maximum(0, x)

# 初始化網路參數
def initialize_parameters(input_size, hidden_size1, hidden_size2, output_size):
    parameters = {
        'W1': np.random.randn(hidden_size1, input_size) * 0.01,
        'b1': np.zeros((hidden_size1, 1)),
        'W2': np.random.randn(hidden_size2, hidden_size1) * 0.01,
        'b2': np.zeros((hidden_size2, 1)),
        'W3': np.random.randn(output_size, h1dden_size2) * 0.01,
        'b3': np.zeros((output_size, 1))
```

1.2 神經網路

```
    }
    return parameters

# 網路的前向傳播
def forward_pass(X, parameters):
    Z1 = np.dot(parameters['W1'], X) + parameters['b1']
    A1 = ReLU(Z1)
    Z2 = np.dot(parameters['W2'], A1) + parameters['b2']
    A2 = ReLU(Z2)
    Z3 = np.dot(parameters['W3'], A2) + parameters['b3']
    A3 = Z3  # 若為分類任務，此處可以是 Softmax 等啟動函數
    cache = (Z1, A1, Z2, A2, Z3, A3)
    return A3, cache

# 設置網路參數
input_size = 2      # 輸入特徵數量
hidden_size1 = 4    # 第一個隱藏層類神經元數量
hidden_size2 = 3    # 第二個隱藏層類神經元數量
output_size = 1     # 輸出層類神經元數量

# 初始化網路參數
parameters = initialize_parameters(input_size, hidden_size1, hidden_size2,
            output_size)

# 假設輸入資料
X = np.random.randn(input_size, 1)    # 一個樣本的特徵

# 網路的前向傳播
output, _ = forward_pass(X, parameters)
print(" 網路輸出 :", output)
```

在這段程式中，X 是類神經網路的輸入；W1 是第一個隱藏層的權重，參數量為 hidden_size1×input_size = 4×2；b1 是第一個隱藏層的偏置，參數量為 hidden_size1×1 = 4×1；W2、b2 分別是第二個隱藏層的權重和偏置，參數量分別為 hidden_size2×hidden_size1 = 3×4、hidden_size2×1

1-13

= 3×1；W3、b3 分別是輸出層的權重和偏置，參數量分別為 output_size×hidden_size2 = 1×3、output_size× 1 = 1×1。兩個隱藏層的輸出分別經過 ReLU 啟動函數，輸出層則不使用啟動函數。

1.2.4 損失函數

學習過程涉及損失函數（Loss Function），也叫作代價函數（Cost Function），它用於量化模型預測值與真實值之間的誤差。以年齡估計任務為例，若輸入的是人像照片，損失函數衡量的是模型預測年齡與照片中的人的實際年齡之間的誤差。損失函數的值越小，表示模型的預測值越接近真實值。

深度學習任務大致分為分類和迴歸兩類。分類任務的目標是確定輸入資料的類別，如性別類別或車型類別，使用的損失函數通常為交叉熵損失（Cross-Entropy Loss）；而迴歸任務的目標是預測一個連續數值，如年齡估計或頭部姿態估計，使用的損失函數通常為 L1 損失（也稱為平均絕對值誤差）或 L2 損失（也稱為均方誤差）。以 ChatGPT 為例，它背後的技術本質上執行的是分類任務，即在替定字典中選擇一個確定的類別作為每個字元的生成結果，用到的損失函數為交叉熵損失。

1.2.5 最佳化器

透過損失函數計算出預測值與真實值之間的誤差後，最佳化器就可以開始發揮作用。最佳化器的主要職責是在類神經網路中調整權重和偏置，目的是讓模型的預測值更接近於真實值。

隨機梯度下降（Stochastic Gradient Descent，SGD）和自我調整矩估計（Adaptive Moment Estimation，Adam）是兩種被廣泛使用的最佳化演算法。SGD 最佳化器透過對模型參數的梯度進行計算並更新參數來最佳化損失函數，它每次更新參數時僅依賴於一個（或一小批）訓練樣本來計算梯度，SGD 演算法因其隨機性而得名。而 Adam 身為自我調整學習率最佳化演算法，結合了 SGD 歷史梯度的動量資訊，因此 Adam 最佳化器的收斂速度比 SGD 最佳化器的更快。

不妨以一個尋寶遊戲為例串聯損失函數、最佳化器和模型收斂。想像這樣的場景，你正在玩一個熱門的手機遊戲，目標是找到藏寶箱。藏寶箱被埋在一個巨大的沙灘中，而你只能根據一個提示器和一張地圖來尋找它。這個提示器會在地圖上顯示你距離藏寶箱是越來越近還是越來越遠。你的目標就是透過不斷嘗試，找到藏寶箱。

在這個例子中，藏寶箱代表了類神經網路學習的最佳解；提示器代表了類神經網路的損失函數，用於告訴你當前策略到目標的距離；你朝著提示器提供的方向移動，就類似於類神經網路在調整其參數，即學習，以便更進一步地完成任務。

人們常說的「模型收斂」，便是指經過最佳化器的一系列調整和學習，網路的參數（你的位置）最終接近了一個狀態（藏寶箱的位置），在這個狀態下，損失函數（提示器）達到了一個相對較低的、穩定的值，即網路的預測值（你對藏寶箱位置的判斷）非常接近真實值（藏寶箱的實際位置）。

使用 SGD 最佳化器就像使用一張簡單地圖和一個基本提示器，每次只基於當前的位置資訊來更新你的路線。它簡單直接，但在某些情況下可能不夠高效，特別是在複雜的地形中。

使用 Adam 最佳化器更像使用一張高級地圖和一個高科技的提示器，它不僅考慮你當前的位置，還考慮了你之前的移動，這使得找到藏寶箱的過程更加高效和快速。

1.2.6 卷積神經網路

1.2.3 節提到的類神經網路由多層類神經元、可學習權重組成，也稱為全連接神經網路。這種網路在處理低維資料時效果顯著，但在處理高維資料時，例如處理一張 640px×480px 的影像時，效率和性能會大打折扣，主要原因包括以下兩點。

- 參數過多：影像具有高維特性，表示全連接層會有大量的參數，導致計算複雜度和記憶體需求急劇增加。

- 空間結構資訊遺失：在全連接神經網路中，輸入的影像通常被轉化為一維向量，這種處理方式會遺失影像的空間結構資訊，即像素之間的相對位置關係。

卷積神經網路（Convolutional Neural Network，CNN）透過引入卷積層來解決上述問題，它更適用於處理影像等高維資料。圖 1-10 所示為卷積神經網路處理影像資料的過程。

在這個例子中，256px×256px 的 RGB 三通道影像經過多個卷積層（Convolutional Layer）和池化層（Pooling Layer），得到一個 4×4×64 的低維特徵圖（Feature Map），然後這個低維特徵圖被展平成一個一維特徵，連接多個全連接層進而輸出預測結果。

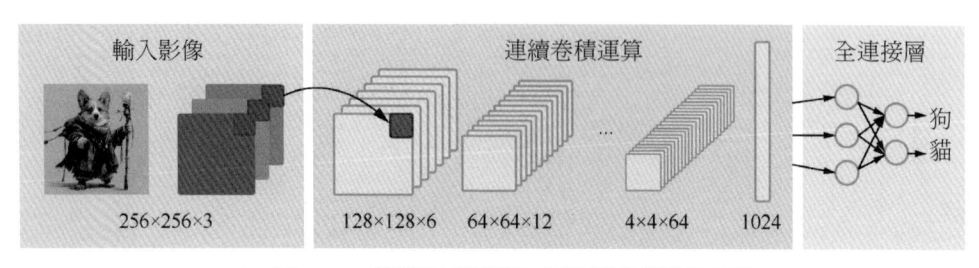

▲ 圖 1-10 卷積神經網路處理影像資料示意

1.2 神經網路

　　特徵圖通常指使用卷積神經網路對輸入影像進行處理後得到的輸出資料。這些輸出資料被稱為「特徵」，因為它們代表了輸入資料的某些關鍵屬性或特徵。舉例來說，一個 256px×256px 的三通道影像的輸入維度為 256×256×3，經過 32 個 5×5×3 次卷積計算，會得到 252×252×32 個特徵，這些特徵便可以看作 32 個 252px×252px 的特徵圖。在這個例子中，為了讓輸出的特徵圖尺寸為 256px×256px，可將輸入影像補齊為 260×260×3 個維度，這個過程被稱為填充（Padding），如程式清單 1-3 所示。

→ 程式清單 1-3

```python
import torch
import torch.nn as nn
import numpy as np
import cv2

class Net(nn.Module):
    """ 定義一個類神經網路，只包含一個卷積操作
    """
    def __init__(self):
        super(Net, self).__init__()
        self.conv = nn.Conv2d(in_channels=3, out_channels=32, kernel_size=5,
                    padding=2)

    def forward(self, x):
        return self.conv(x)

if __name__ == "__main__":
    # 隨機初始化一張影像作為輸入
    input = torch.rand(1,3,256,256)
    net = Net()

    # 獲取中間的特徵圖
    feature_maps = net(input)
    print(feature_maps.shape)
```

卷積神經網路具有以下 3 個優點。

- 參數共用。卷積操作使用固定大小的篩檢程式（或稱為卷積核心），在整個輸入資料上滑動以提取特徵。這種方式使得參數量大大減少，因為相同的權重在不同位置重複使用。

- 保留空間結構資訊。卷積層直接在原始的二維影像上操作，能夠有效捕捉局部特徵（如邊緣、紋理等），並保留像素之間的相對位置關係。

- 層次化特徵提取。卷積神經網路通常包含多個卷積層，每層都能夠從其前一層提取到的特徵上進一步抽象和學習更高級的特徵。

在卷積神經網路中，可以透過設置卷積操作的滑動視窗步進值，改變輸出特徵的尺寸，同時調整輸出特徵的通道數目。實際應用中，也經常使用池化層（Pooling Layer）配合卷積操作達到縮小特徵圖尺寸的目的，從而降低計算的複雜度。最大池化（Max Pooling）和平均池化（Average Pooling）是兩種經常使用的池化操作。最大池化用輸入特徵圖的小區域的最大值作為輸出值，平均池化則用小區域的平均值作為輸出值。在 PyTorch 中使用池化操作的方式，如程式清單 1-4 所示。

→ 程式清單 1-4

```python
import torch
import torch.nn as nn

# 定義最大池化層
max_pool = nn.MaxPool2d(kernel_size=2, stride=2)

# 定義平均池化層
avg_pool = nn.AvgPool2d(kernel_size=2, stride=2)

# 建立一個隨機的輸入特徵圖
input = torch.randn(1, 1, 4, 4)  # 假設有一個單通道 4px×4px 的特徵圖

# 應用最大池化
```

```
output_max_pool = max_pool(input)

# 應用平均池化
output_avg_pool = avg_pool(input)

print("Input:\n", input)
print("Output after Max Pooling:\n", output_max_pool)
print("Output after Average Pooling:\n", output_avg_pool)
```

為了進一步幫助讀者理解卷積神經網路,下面使用 PyTorch 架設一個簡單的卷積神經網路結構,如程式清單 1-5 所示。

→ 程式清單 1-5

```
import torch
import torch.nn as nn
import torch.nn.functional as F
from torchvision import transforms
from PIL import Image

class SimpleCNN(nn.Module):
    def __init__(self):
        super(SimpleCNN, self).__init__()
        # 第一個卷積層
        self.conv1 = nn.Conv2d(3, 16, kernel_size=3, stride=2, padding=1)
        # 池化層
        self.pool = nn.MaxPool2d(kernel_size=2, stride=2, padding=0)
        # 第二個卷積層
        self.conv2 = nn.Conv2d(16, 32, kernel_size=3, stride=2, padding=1)
        # 兩個全連接層
        self.fc1 = nn.Linear(32 * 14 * 14, 3)
        self.fc2 = nn.Linear(3, 2)

    def forward(self, x):
        x = self.pool(F.ReLU(self.conv1(x)))    # 卷積→啟動→池化
        x = self.pool(F.ReLU(self.conv2(x)))    # 卷積→啟動→池化
        x = torch.flatten(x, 1)                  # 展平
        x = self.fc(x)                           # 全連接
        return x
```

```python
def process_image(image_path):
    transform = transforms.Compose([
        transforms.Resize((224, 224)),   # 調整影像尺寸
        transforms.ToTensor()            # 轉為 Tensor
    ])
    image = Image.open(image_path)
    image = transform(image).float()
    image = image.unsqueeze(0)   # 增加一個批次維度
    return image

# 影像路徑，例如：'path/to/your/image.jpg'
image_path = 'test.png'

# 載入和處理影像
image = process_image(image_path)
print(image.shape)

# 建立模型實例並進行預測
model = SimpleCNN()
output = model(image)

print("Predicted Value:", output.item())
```

在這個例子中，定義了一個包含兩個卷積層、一個池化層和兩個全連接層的卷積神經網路，輸入影像是 $224 \times 224 \times 3$，它們用來完成一個基本的迴歸任務。我們可以根據具體需求調整網路結構、輸入層和輸出層的維度、啟動函數等。需要指出的是，例子中的卷積神經網路在實際應用前，需要使用大量資料進行訓練，損失函數和最佳化器仍舊需要用於最佳化模型參數。

1.3 多模態模型

在 AI 領域，模態（Modality）用於描述模型輸入和輸出的資料型態，影像、文字、音訊、視訊代表的是幾種常見的模態。不同的模態可以提供不同的特徵，使深度學習模型能夠從更多的角度理解和處理資料。

人們常說的多模態（Multimodality），是指模型同時處理和理解兩種或更多種不同類型的資料，其目標是利用各種模態之間的互補資訊，提升模型的準確度。

1.3.1 認識模態

在 AIGC 技術爆發前，各個模態的演算法工程師各自為戰，形成了以自然語言處理（Natural Language Processing，NLP）、電腦視覺（Computer Vision，CV）和音訊訊號處理（Audio Signal Processing，ASP）為代表的「技術陣營」。

自然語言處理技術完成的是文字模態的任務，例如翻譯、文字問答、文字情感分析等，如圖 1-11 所示。ChatGPT 和 GPT-4 是自然語言處理技術的集大成者，它們幾乎可以完成所有文字模態的任務。

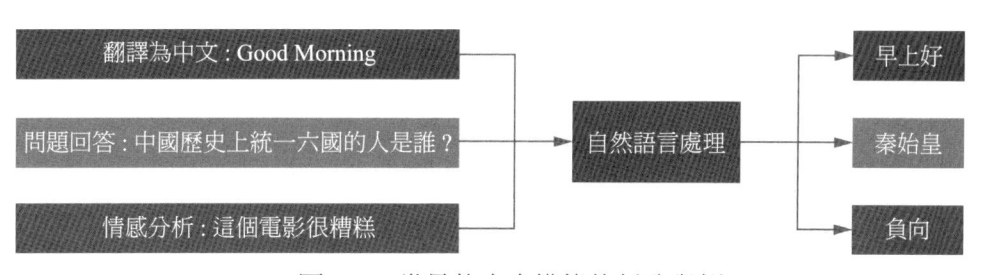

▲ 圖 1-11 常見的文字模態的任務舉例

第 1 章　AIGC 基礎

　　電腦視覺技術完成的是影像模態的任務，例如影像分類、影像物件辨識、影像分割、影像生成等，如圖 1-12 所示。廣義的電腦視覺技術也涉及以視訊、紅外影像等資訊作為輸入的任務，例如蘋果手機提供的面容 ID（Face ID）技術。

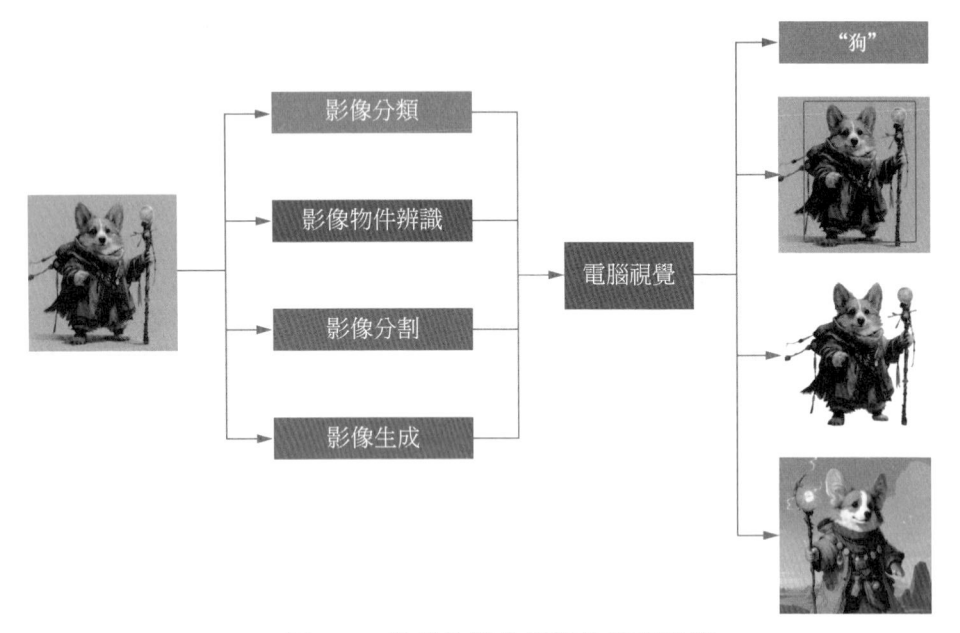

▲ 圖 1-12　常見的影像模態的任務舉例

　　音訊訊號處理技術完成的是音訊模態的任務，例如自動語音辨識（Automatic Speech Recognition，ASR）、文語轉換（Text-To-Speech，TTS）、語音情感分析（Speech Emotion Analysis）等，如圖 1-13 所示。

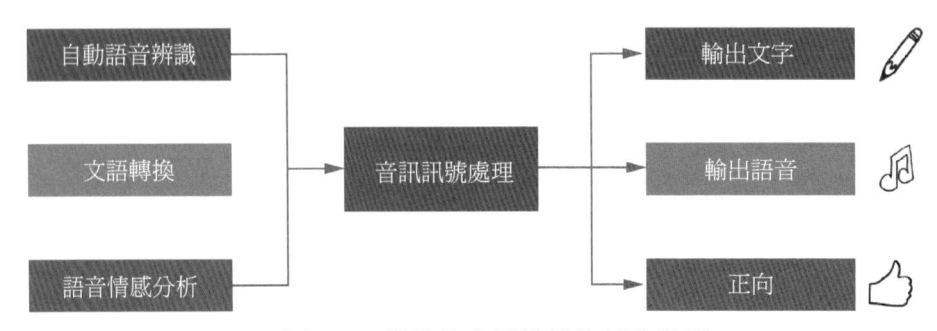

▲ 圖 1-13　常見的音訊模態的任務舉例

1.3.2 典型多模態模型

多模態模型是 AI 領域的前端研究方向，它透過處理和分析多種類型的資料（如文字、影像、視訊等），提高模型的理解和生成能力。一個模型如果其輸入和輸出中包含兩種或兩種以上的模態，那麼這個模型便可以被稱為多模態模型（Multimodal Model）。

以 GPT-4V 和 Stable Diffusion 為例。GPT-4V 模型的輸入包括文字和影像兩種模態，輸出是文字模態。Stable Diffusion 有兩個常見功能：一是「文生圖」，即輸入一段文字描述，生成一張影像；二是「圖生圖」，即輸入一張影像和一段文字描述，得到一張新的影像。「文生圖」功能的輸入是文字模態，輸出是影像模態；而「圖生圖」功能的輸入是文字和影像兩種模態，輸出是影像模態。

按照類似的分析邏輯，Gemini（從影像、文字、音訊、視訊到影像和文字）、Pika（從文字模態到視訊模態）、Midjourney（從文字模態到影像模態）、Whisper（從音訊模態到文字模態）、Polly（從文字模態到音訊模態）等模型也都是多模態模型。需要指出的是，作為多模態模型，影像和視訊生成模型的用法通常是多種多樣的，例如 Midjourney 可以實現「圖生圖」功能，Pika 可以綜合影像和文字進行視訊生成。

在此基礎上，多模態模型可以進一步細分為多模態生成模型、多模態理解模型和多模態連接模型 3 類，以反映它們在處理跨模態資訊時的特定能力和應用領域。

- 多模態生成模型，如 Midjourney 和 Stable Diffusion。該模型專注於根據文字等模態的輸入生成影像、視訊或其他視覺內容模態，表現了從一種模態到另一種模態的創造性轉換。

- 多模態理解模型，如 GPT-4V。該模型能夠綜合理解來自不同模態（如影像模態和文字模態）的輸入，並在此基礎上執行特定任務，如回答問題或生成描述，展現了對多模態資訊深層次理解的能力。

- 多模態連接模型，如對比語言 - 影像預訓練（Contrastive Language-Image Pre-Training，CLIP，將在 3.2 節介紹）。該模型透過學習不同模態之間的連結，最佳化了跨模態的匹配和搜索能力，能夠準確地連結和搜索不同模態間相關的資訊。

一個重要的發展趨勢是多模態生成模型和多模態理解模型的融合，例如 Gemini 及類似模型，既可以像 GPT-4V 一樣進行圖文問答，也可以像 Midjourney 一樣生成影像，相當於同時完成多模態生成模型和多模態理解模型的任務。

1.3.3 參數量

正如人腦是一個由約 1000 億個神經元組成的複雜神經網路，各類 AI 大型模型本質上也是由巨量「類神經元」組成的類神經網路，其中包含巨量的模型參數。舉例來說，GPT-3 有 1750 億個模型參數，而 GPT-4 模型被普遍認為擁有兆規模的模型參數。可見，在神經元模型參數量維度上，如今的大型模型已經超過了人腦的複雜度。

相比於萬、億這樣的量詞，業界更喜歡用百萬（Million，M）、十億（Billion，B）和千億（Trillion，T）的英文縮寫表示模型的參數量，例如大型語言模型中的 Vicuna-13B、LLaMA-65B 等。各種常見模型的參數量及功能如表 1-1 所示。

1.3 多模態模型

▼ 表 1-1 各種常見模型的參數量及功能

模型名稱	模型參數量	模型功能
GPT-3	175B	文字問答、生成程式等
Vicuna-13B	13B	文字問答、生成程式等
LLaMA-65B	65B	文字問答、生成程式等
GPT-4V	約 1000B	文字問答、圖文問答等
Stable Diffusion	約 1B	AI 影像生成
SDXL	6.6B	AI 影像生成

模型的參數量表示模型可訓練的參數總數。在大型模型時代，參數量也表示模型能力的上限。那麼，模型的參數量是如何計算的呢？

對於全連接層，如果一個全連接層有 N 個輸入和 M 個輸出，則該層的權重參數量是 $N \times M$。此外，如果該層使用了偏置，則還要加上 M 個偏置參數。因此，全連接層的總參數量是 $N \times M + M$。

對於卷積層，參數量的計算需要考慮卷積核心的尺寸、輸入通道數和輸出通道數。假設卷積核心的尺寸是 $K \times K$，輸入通道數是 C_{in}，輸出通道數是 C_{out}，那麼該卷積層的權重參數量是 $K \times K \times C_{in} \times C_{out}$。如果使用了偏置，則還要加上 C_{out} 個偏置參數。因此，卷積層的總參數量是 $K \times K \times C_{in} \times C_{out} + C_{out}$。

1.3.4 計算量

模型的計算量，通常指在模型的一次前向傳播中所需的浮點運算（Floating Point Operation，FLOP）次數，包含乘法和加法運算的總數，通常用於評估模型的複雜性和推理時的計算成本。模型的計算量取決於網路的結構和層的類型。

對於一個全連接層，如果有 N 個輸入特徵和 M 個輸出特徵，可以使用程式清單 1-6 計算該全連接層的輸出。

➜ 程式清單 1-6

```
import numpy as np

# 假設N是輸入特徵數量，M是輸出特徵數量
N = 5  # 輸入特徵數量
M = 3  # 輸出特徵數量

# 隨機生成輸入資料x、權重W和偏置b
x = np.random.rand(N)      # 輸入向量(N,)
W = np.random.rand(M, N)   # 權重矩陣(M, N)
b = np.random.rand(M)      # 偏置向量(M,)

# 計算Wx+b
output = np.dot(W, x) + b  # 輸出向量(M,)
```

這一過程的計算量可以按照以下方式計算：對於乘法運算部分，Wx 的計算需要執行 $N \times M$ 次運算。對於加法運算部分，每個輸出特徵都是其對應的權重與輸入特徵的乘積之和，因此每個輸出特徵需要 $N-1$ 次加法（N 個數相加只需要 $N-1$ 次加法）。鑑於有 M 個輸出特徵，總加法次數為 $M \times (N-1)$。之後，加上偏置 b 的過程需要額外的 M 次加法運算，因為每個輸出特徵都需要加上一個偏置。綜上，一個全連接層的總乘法次數為 $N \times M$，總加法次數為 $M \times (N-1) + M$，兩部分相加得到總計算量為 $2 \times M \times N$。

對於一個卷積層，計算量的計算需要考慮卷積核心的尺寸、輸入特徵圖的尺寸、輸入通道數、輸出通道數、輸出特徵圖的尺寸等因素。如果卷積核心的尺寸是 $K \times K$，輸入特徵圖的尺寸是 $H_{in} \times W_{in}$，輸入通道數是 C_{in}，輸出通道數是 C_{out}（偏置項數與輸出通道數一致），假設根據輸入特徵圖的尺寸和卷積核心的尺寸確定的輸出特徵圖的尺寸是 $H_{out} \times W_{out}$，則該層的計算量為 $2 \times H_{out} \times W_{out} \times C_{out} \times K \times K \times C_{in}$。

1.4 小結

　　本章帶領讀者初步探索了 AIGC 技術。首先，本章簡介了理解 AIGC 技術所需要的基礎知識。讀者可以了解到，AIGC 技術被廣泛應用於影像處理、文字生成和音訊創作等領域，降低了內容創作的門檻、提升了創作的效率。然後，本章透過從基礎的類神經元到整個類神經網路的介紹，解釋了類神經網路是如何工作的，以及啟動函數、損失函數和最佳化器在其中的作用。此外，本章簡介了多模態模型，這些模型能夠處理和生成多種類型的資料，應用於生成、理解和檢索內容等場景。最後，透過討論模型的參數量和計算量，本章提供了一種評估 AIGC 模型能力的角度。

MEMO

2

影像生成模型：
GAN 和擴散模型

　　AI 影像生成是 AIGC 的重要組成部分。廣義的 AI 影像生成技術不僅包括「文生圖」，還涵蓋「圖生圖」、從文字或影像生成視訊部分，甚至從文字或影像生成 3D 模型等。

　　本章將討論基於 GAN 和擴散模型（Diffusion Model）的影像生成技術。從早期的變分自編碼器（Variational Autoencoder，VAE）和 GAN 到後來的基於流的模型（Flow-Based Model）、擴散模型和自迴歸模型（Autoregressive Model），AI 影像生成的演算法解決方案和生成效果在持續演化。穩定擴散（Stable Diffusion）模型在擴散模型的基礎上，進一步增加了文字編碼器模組，實現了「文生圖」功能。在深入了解 Stable Diffusion、DALL·E 2、DALL·E 3 等著名模型的演算法解決方案前，本章透過以下 5 個問題討論影像生成的基本原理。

第 2 章　影像生成模型：GAN 和擴散模型

- GAN 的工作原理、應用場景與局限性是什麼？
- 擴散模型的基本原理是什麼？
- 擴散模型的關鍵元件—U-Net 模型的基本原理是什麼？
- 擴散模型的採樣器的基本原理及在影像生成中的作用是什麼？
- 如何訓練一個擴散模型？

2.1 影像生成模型的技術演化

影像生成一直是電腦視覺領域的技術挑戰。從技術演化的角度，影像生成模型大致可以劃分為以下 5 代。

- 第一代影像生成模型：VAE。
- 第二代影像生成模型：GAN。
- 第三代影像生成模型：基於流的模型。
- 第四代影像生成模型：擴散模型。
- 第五代影像生成模型：自迴歸模型。

下面簡介這 5 代影像生成模型的基本原理。

2.1.1 第一代影像生成模型：VAE

在介紹 VAE 之前，需要讀者先了解潛在空間的概念。透過神經網路，在保留原始資料關鍵資訊的條件下，可以將輸入的原始資料壓縮到一個更低維度的空間，得到一個低維的向量表示，並且可以透過解碼這個低維的向量表示恢復出原始資料。更低維度的空間就是潛在空間（Latent Space，也被稱為隱空間），用於表示原始資料的結構和特徵；低維的向量表示也叫潛在表示（Latent Representation），是原始資料在潛在空間中對應的特徵向量。

VAE 使用編碼器將資料壓縮成潛在表示，然後使用解碼器從該表示中重建資料。VAE 壓縮和恢復影像的過程如圖 2-1 所示。

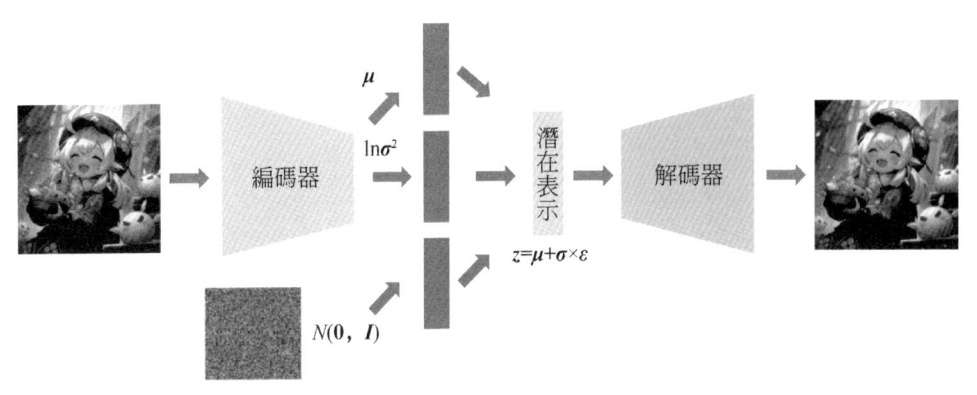

▲ 圖 2-1　VAE 壓縮和恢復影像的過程

在圖 2-1 中，編碼器負責預測高斯分佈的平均值 μ 和對數方差 $\ln\sigma^2$，然後採樣一個高斯雜訊 $\varepsilon \sim N(0, I)$，透過 $\mu+\sigma\times\varepsilon$ 得到潛在表示 z，經過解碼器重建出原始資料。這裡的原始資料，可以是語音、文字或影像等不同模態的資料。VAE 通常不能生成高品質的影像，並且生成影像的多樣性也不足，因此其逐漸被後來的 GAN 取代。即使如此，VAE 仍然為後續影像生成模型的發展奠定了基礎。在 3.1 節中會詳細探討 VAE。

2.1.2　第二代影像生成模型：GAN

GAN 的主要結構包括一個生成器和一個判別器，生成器利用隨機雜訊生成影像，判別器負責評估影像的真實性。如果輸入判別器的影像是訓練集影像，判別器的訓練目標是評估影像為真；反之，如果輸入判別器的影像是生成影像，則判別器的訓練目標是評估影像為假。這種對抗的過程使得 GAN 可以生成高品質、高解析度的影像，因此其被廣泛應用於藝術創作和影像編輯。

第 2 章　影像生成模型：GAN 和擴散模型

2022 年以前，各種社交軟體上流行的「變小孩」、「變老人」、性別變換等特效，大多是由 GAN 技術實現的。GAN 的基本結構如圖 2-2 所示，其細節將在 2.2 節中探討。

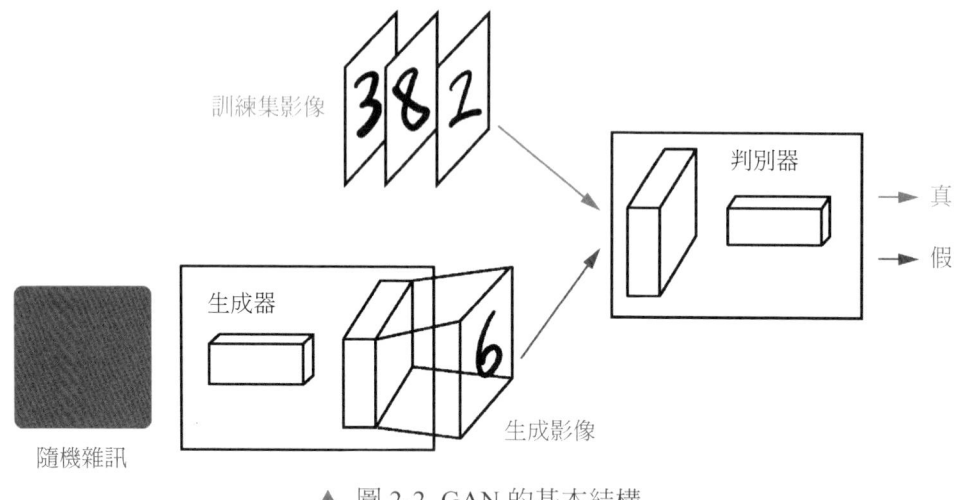

▲ 圖 2-2　GAN 的基本結構

2.1.3　第三代影像生成模型：基於流的模型

　　基於流的模型的核心在於建立一個從複雜資料（如真實影像）到簡單資料（如服從標準高斯分佈的資料）的可逆映射，這種映射使我們能在兩種資料之間平滑轉換。

　　基於流的模型生成影像的過程如圖 2-3 所示。具體來說，基於流的模型透過一系列可逆的變換（如特定的數學函數）將複雜的影像資料 X 轉為簡單的服從標準分佈的變數 Z。這個過程稱為「前向流動」，即圖 2-3 中的 $f(X)$。在生成影像時，將這個過程逆轉，即從簡單的標準分佈變數 Z「反向流動」（圖 2-3 中的 $f^{-1}(Z)$）回複雜的影像資料 X'，從而生成新的影像。

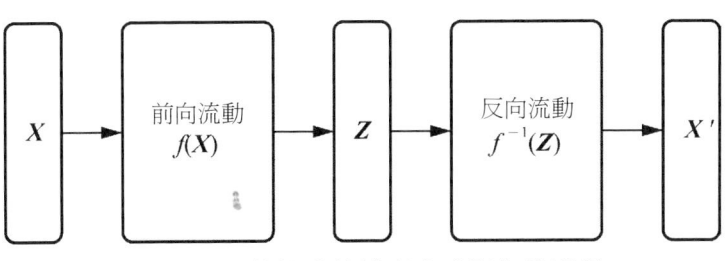

▲ 圖 2-3 基於流的模型生成影像的過程

在實際應用中，基於流的模型往往難以達到 GAN 和擴散模型的影像生成品質，因此基於流的模型不作為本書討論的重點。

2.1.4 第四代影像生成模型：擴散模型

擴散模型可逐步在資料中引入雜訊，然後學習逆向擴散過程，從雜訊中重建資料。隨著 2022 年 DALL·E 2、Stable Diffusion、Midjourney 的推出，擴散模型技術逐漸成為影像生成領域的主流技術。圖 2-4 所示為使用 Midjourney v5.1 生成影像的過程，可以看到逐步去除雜訊得到清晰可辨的影像效果。

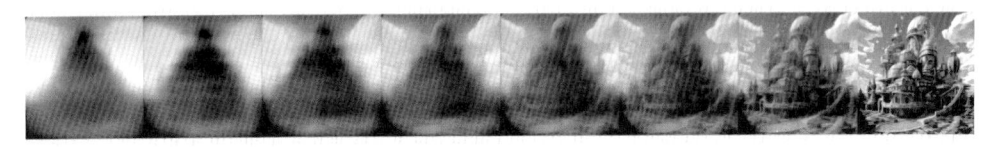

▲ 圖 2-4 使用 Midjourney v5.1 生成影像的過程

2.1.5 第五代影像生成模型：自迴歸模型

自迴歸模型是一種序列資料生成模型，它透過預測序列中下一個數據點的值來生成資料。我們所熟悉的 ChatGPT 就是自然語言處理領域中的一種典型的自迴歸模型。在影像生成領域，也可以使用類似的原理，逐步生成與文字描述對應的影像。

第 2 章　影像生成模型：GAN 和擴散模型

在如今的影像生成領域，擴散模型十分流行。無論是在影像細節的精緻度方面還是在內容的多樣性方面，擴散模型都已經超過了 GAN。值得一提的是，基於自迴歸模型的影像生成技術尚處於早期階段，影像細節精緻度尚不能達到擴散模型的效果，但是該技術代表了未來技術發展的趨勢。即使如此，想要深入了解影像生成技術，GAN 仍然是繞不開的話題。只有了解 GAN 的長處和缺陷，才能理解擴散模型解決了 GAN 的哪些痛點。而基於自迴歸模型的影像生成技術，並不是本書討論的重點。

2.2 「舊畫師」GAN

類神經網路在訓練時通常需要收集影像樣本及其對應的目標標籤（也稱為 Ground Truth），例如分類任務的目標標籤就是類別資訊、年齡估計迴歸任務的目標標籤就是個體的年齡。通常透過交叉熵損失函數來訓練分類任務，透過數值誤差損失函數（如 L1 損失或 L2 損失）來訓練迴歸任務。與分類和迴歸任務的訓練範式不同，GAN 設計了全新的訓練範式，也就是所謂的「生成對抗」訓練範式。

2.2.1　生成對抗原理

理解生成對抗原理，不妨從一個簡單的例子出發。

假設有一個「貨幣偽造者」和一個「鑑定師」，他們在一個遊戲中相互競爭。「貨幣偽造者」的任務是製造與真實貨幣相似的貨幣，遊戲開始時他並不擅長這項任務，所以製造的貨幣和真實貨幣相差很大。而「鑑定師」的任務是辨別哪些是真實貨幣，哪些是「貨幣偽造者」製造的假幣，遊戲開始時「鑑定師」可能也無法完美地完成這項任務。在遊戲過程中，「貨幣偽造者」與「鑑定師」相互較量，不斷提升各自的能力。「貨幣偽造者」透過不斷地學習和嘗試，越來越擅長偽造貨幣，欺騙「鑑定師」。同時，「鑑定師」也在不斷學習如何更有效地辨識假幣，力爭不被欺騙。最終，「貨幣偽造者」能夠製造出可以亂真的貨幣，而「鑑定師」也變得極為擅長鑑定貨幣真偽。

這個例子表現的是 GAN 背後的生成對抗原理。「貨幣偽造者」對應的是 GAN 的生成器，「鑑定師」對應的則是判別器。生成器與判別器在模型訓練的過程中持續更新與對抗，最終達到平衡，如程式清單 2-1 所示。

→ 程式清單 2-1

```
import torch
import torch.nn as nn
import torch.optim as optim

# 假設生成器、判別器, data_loader, device, num_epochs 和 latent_dim 已經定義

# 生成器和判別器的最佳化器
gen_optimizer = optim.Adam(generator.parameters(), lr=0.0002, betas=(0.5, 0.999))
disc_optimizer = optim.Adam(discriminator.parameters(), lr=0.0002, betas=(0.5, 0.999))

# 損失函數
adversarial_loss = nn.BCELoss()

for epoch in range(num_epochs):
    for real_batch in data_loader:

        # 更新判別器
        real_images = real_batch.to(device)
        batch_size = real_images.size(0)

        # 生成影像
        noise = torch.randn(batch_size, latent_dim, device=device)
        fake_images = generator(noise)

        # 判別器在真實影像上的損失
        real_labels = torch.ones(batch_size, 1, device=device)
        fake_labels = torch.zeros(batch_size, 1, device=device)

        disc_real_loss = adversarial_loss(discriminator(real_images),
```

```
                                real_labels)
            disc_fake_loss = adversarial_loss(discriminator(fake_images.detach()),
                                fake_labels)

            disc_loss = disc_real_loss + disc_fake_loss

            disc_optimizer.zero_grad()
            disc_loss.backward()
            disc_optimizer.step()

            # 更新生成器
            noise = torch.randn(batch_size, latent_dim, device=device)
            fake_images = generator(noise)

            gen_loss = adversarial_loss(discriminator(fake_images), real_labels)

            gen_optimizer.zero_grad()
            gen_loss.backward()
            gen_optimizer.step()

print(f"Epoch [{epoch+1}/{num_epochs}], Disc Loss: {disc_loss.item()}, Gen
Loss: {gen_loss.item()}")
```

判別器的目標是區分真實影像和生成影像，生成器的目標是生成逼近真實影像的影像，使判別器無法區分生成影像和真實影像。因此，程式清單 2-1 中損失函數的設計是透過最大化真實影像的損失和最小化生成影像的損失來實現的。

在程式清單 2-1 中，為真實影像定義標籤 real_labels（值為 1），為生成影像定義標籤 fake_labels（值為 0）。對於判別器的訓練，使用 disc_real_loss 計算真實影像的損失，使用 adversarial_loss 函數將判別器對真實影像的輸出與 real_labels 進行比較；使用 disc_fake_loss 計算生成影像的損失，使用 adversarial_loss 函數將判別器對生成影像的輸出與 fake_labels 進行比較。那麼，判別器的總損失 disc_loss 是 disc_real_loss 和 disc_fake_loss 的和。對於生成器的訓練，生成器的損失 gen_loss，是使用

adversarial_loss 函數將判別器對生成影像的輸出與 real_labels（希望判別器認為生成影像是真實影像）進行比較。

在 GAN 的訓練過程中，每個訓練批次的資料均按照以下方式處理。

- 更新判別器。將真實影像和生成器生成的影像輸入判別器，真實影像的目標標籤為 1，生成影像的目標標籤為 0，分別計算真實影像的平均損失和生成影像的平均損失。透過反向傳播更新判別器的參數，也就是利用梯度下降類的演算法更新判別器的權重。

- 更新生成器。將隨機雜訊輸入生成器中生成影像，然後將生成的影像輸入判別器中計算平均損失，之後透過反向傳播更新生成器的權重。

- 重複以上步驟進行多個訓練批次的訓練，直到達到預定的訓練次數。

GAN 的精髓在於生成對抗思想，透過生成器和判別器的競爭，生成器生成的影像逐漸逼近真實影像。在現實世界中，GAN 的應用場景廣泛，包括影像合成、影像修復、影像風格轉換等。

GAN 在 2014 年被提出，最初並沒有走進大眾的視野，主要是因為 GAN 模型存在一些缺陷，例如同時訓練生成器和判別器的過程不穩定、生成的影像不能被指定、生成的影像解析度較低、模型推理在行動裝置上用時過長等。隨後的幾年裡，GAN 經歷了一系列的重要改進，上述缺陷獲得了修復，GAN 也終於迎來了它的「高光時刻」。

2.2.2 生成能力的進化

全連接神經網路中的每個類神經元都與前一層的所有類神經元相連接，這表示它們沒有利用影像的空間結構資訊。影像通常包含豐富的空間結構資訊，如局部紋理和形狀，這些資訊在全連接結構中會被忽略。最初的 GAN 模型使

第 2 章　影像生成模型：GAN 和擴散模型

用全連接神經網路，對於影像生成任務，透過全連接神經網路學習影像的空間結構資訊和局部特徵比較困難，如程式清單 2-2 所示。

➜ 程式清單 2-2

```python
# 最初的 GAN 的生成器
class Generator(nn.Module):
    def __init__(self, input_dim, hidden_dim, output_dim):
        super(Generator, self).__init__()
        self.net = nn.Sequential(
            nn.Linear(input_dim, hidden_dim),
            nn.ReLU(True),
            nn.Linear(hidden_dim, hidden_dim),
            nn.ReLU(True),
            nn.Linear(hidden_dim, output_dim),
            nn.Tanh()
        )
    def forward(self, z):
        return self.net(z)
# 最初的 GAN 的判別器
class Discriminator(nn.Module):
    def __init__(self, input_dim, hidden_dim):
        super(Discriminator, self).__init__()
        self.net = nn.Sequential(
            nn.Linear(input_dim, hidden_dim),
            nn.LeakyReLU(0.2, inplace=True),
            nn.Linear(hidden_dim, hidden_dim),
            nn.LeakyReLU(0.2, inplace=True),
            nn.Linear(hidden_dim, 1),
            nn.Sigmoid()
        )
    def forward(self, x):
        return self.net(x)

# 初始化
input_dim = 100  # 生成器輸入的維度
hidden_dim = 256 # 隱藏層維度
output_dim = 784 # 生成器輸出的維度，例如對於 28px×28px 的影像，輸出的維度是 784
G = Generator(input_dim, hidden_dim, output_dim)
D = Discriminator(output_dim, hidden_dim)
```

2.2 「舊畫師」GAN

2015 年由 Alec Radford 等人提出的深度卷積 GAN（Deep Convolutional GAN，DCGAN）給 GAN 的改進帶來了可能。DCGAN 的主要創新就是引入卷積神經網路結構，透過卷積層和反卷積層替代全連接層，使得生成器和判別器能夠感知和利用影像的空間結構資訊，更進一步地處理影像資料，從而生成更逼真的影像，其程式部分如程式清單 2-3 所示。

→ 程式清單 2-3

```python
# DCGAN 的生成器
class Generator(nn.Module):
    def __init__(self):
        super(Generator, self).__init__()
        self.main = nn.Sequential(
            # 輸入是一個維度為 100 的雜訊，將它映射成一個維度為 1024 的特徵圖
            nn.ConvTranspose2d(in_channels=100, out_channels=1024,
                                kernel_size=4, stride=1, padding=0,
                                bias=False),
            nn.BatchNorm2d(1024),
            nn.ReLU(True),
            # 上一步的輸出形狀：(1024, 4, 4)
            nn.ConvTranspose2d(1024, 512, 4, 2, 1, bias=False),
            nn.BatchNorm2d(512),
            nn.ReLU(True),
            # 上一步的輸出形狀：(512, 8, 8)
            nn.ConvTranspose2d(512, 256, 4, 2, 1, bias=False),
            nn.BatchNorm2d(256),
            nn.ReLU(True),
            # 上一步的輸出形狀：(256, 16, 16)
            nn.ConvTranspose2d(256, 128, 4, 2, 1, bias=False),
            nn.BatchNorm2d(128),
            nn.ReLU(True),
            # 上一步的輸出形狀：(128, 32, 32)
            nn.ConvTranspose2d(128, 1, 4, 2, 1, bias=False),
            nn.Tanh()
            # 輸出形狀：(1, 64, 64)
        )
    def forward(self, input):
        return self.main(input)
```

```python
# DCGAN 的判別器
class Discriminator(nn.Module):
    def __init__(self):
        super(Discriminator, self).__init__()
        self.main = nn.Sequential(
            # 輸入形狀：(1, 64, 64)
            nn.Conv2d(1, 128, 4, 2, 1, bias=False),
            nn.LeakyReLU(0.2, inplace=True),
            # 輸出形狀：(128, 32, 32)
            nn.Conv2d(128, 256, 4, 2, 1, bias=False),
            nn.BatchNorm2d(256),
            nn.LeakyReLU(0.2, inplace=True),
            # 輸出形狀：(256, 16, 16)
            nn.Conv2d(256, 512, 4, 2, 1, bias=False),
            nn.BatchNorm2d(512),
            nn.LeakyReLU(0.2, inplace=True),
            # 輸出形狀：(512, 8, 8)
            nn.Conv2d(512, 1024, 4, 2, 1, bias=False),
            nn.BatchNorm2d(1024),
            nn.LeakyReLU(0.2, inplace=True),
            # 輸出形狀：(1024, 4, 4)
            nn.Conv2d(1024, 1, 4, 1, 0, bias=False),
            nn.Sigmoid()
        )
    def forward(self, input):
        return self.main(input).view(-1, 1).squeeze(1)
```

DCGAN 的優點在於它的穩定性高、生成效果好。透過使用卷積神經網路，DCGAN 能夠更進一步地保留影像的空間結構資訊和細節資訊，生成更高品質的影像。此外，DCGAN 的架構設計也為後續的 GAN 改進工作提供了重要基礎。使用 GAN 和 DCGAN 生成數字的效果，如圖 2-5 所示，可以看出 DCGAN 比 GAN 的生成效果更清晰可辨。

2.2 「舊畫師」GAN

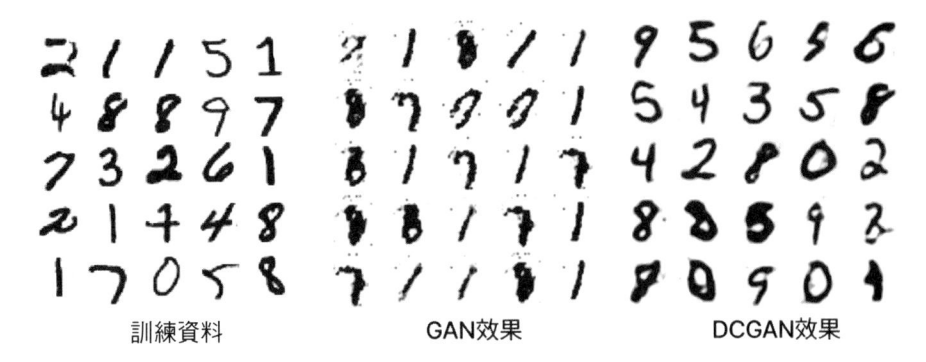

▲ 圖 2-5 原始訓練資料（左），GAN 生成效果（中），DCGAN 生成效果（右）

條件 GAN（Conditional GAN，cGAN），在生成影像的過程中引入額外的條件資訊，來控制生成影像的特徵，例如生成特定類別的影像。在圖 2-5 所示的生成數字的例子中，GAN 和 DCGAN 均無法提前指定生成的數字是 0 到 9 中的哪一個，而 cGAN 可以輕鬆控制生成的具體數字。對 DCGAN 的生成器和判別器程式做一些局部修改，向模型中輸入額外的條件資訊（如標籤資訊），使得生成的樣本不僅服從訓練資料的分佈，同時還符合給定的條件資訊，便可實現 cGAN，如程式清單 2-4 所示。

→ 程式清單 2-4

```
# cGAN 的生成器和判別器架構與 DCGAN 的類似，但輸入包含額外的條件資訊（如標籤資訊）
class ConditionalGenerator(nn.Module):
    def __init__(self, condition_dim):
        super(ConditionalGenerator, self).__init__()
        # 假設 condition_dim 是條件向量的維度
        self.condition_dim = condition_dim
        # 其他層的定義保持不變

    def forward(self, noise, condition):
        # 假設 condition 是條件向量
        condition = condition.view(-1, self.condition_dim, 1, 1)
        input = torch.cat([noise, condition], 1) # 在通道維度上合併雜訊和條件向量
        return self.main(input)
```

```python
class ConditionalGenerator(nn.Module):
    def __init__(self, condition_dim):
        super(ConditionalGenerator, self).__init__()
        # 假設 condition_dim 是條件向量的維度
        self.condition_dim = condition_dim
        # 其他層的定義保持不變

    def forward(self, noise, condition):
        # 假設 condition 是條件向量
        condition = condition.view(-1, self.condition_dim, 1, 1)
        input = torch.cat([noise, condition], 1) # 在通道維度上合併雜訊和條件向量
        return self.main(input)
```

Wasserstein GAN（wGAN）是 DCGAN 的重要的改進，它透過使用 Wasserstein 距離來評估生成影像和真實影像之間的誤差，有效解決了 GAN 訓練過程中容易出現的模式坍塌問題，同時提高了生成影像的品質。Wasserstein 距離用於度量兩個機率分佈之間的差異，量化了將一個分佈轉為另一個分佈所需的最小工作量。舉個例子，假設有兩堆放在不同位置的沙子，現在希望將第一堆沙子移動到第二堆沙子的位置，且移動速度和容器大小固定，Wasserstein 距離就代表了完成這個移動過程所需的最小總成本。在 wGAN 中，這兩堆沙子象徵了真實資料分佈和生成資料分佈。

從最初的 GAN 到 DCGAN、cGAN、wGAN，這些模型的演化代表了 GAN 在影像生成的穩定性、可控性和多樣性方面的逐步提升。受限於運算資源和模型架構，早期的 GAN 模型生成影像的解析度很低。後來出現的改進模型不斷最佳化 GAN 的能力：PGGAN（漸進式增長生成對抗網路，Progressive Growing of GAN）透過逐步提高生成影像解析度的方式生成高畫質影像，BigGAN 採用了更大的模型結構和更大的訓練資料集提高生成影像的品質，StyleGAN 透過調整「風格」參數獨立控制影像的高級屬性（如姿態、面部特徵）和微觀細節（如頭髮風格、背景紋理），GigaGAN 致力於極高解析度影像的生成。透過逐漸增加生成影像的尺寸、引入新的正則化技術、改進生成器和判

別器的架構等方式，這些模型能生成高達 1024px×1024px 的高品質影像。圖 2-6 展示了這些里程碑式 GAN 模型的發展脈絡。

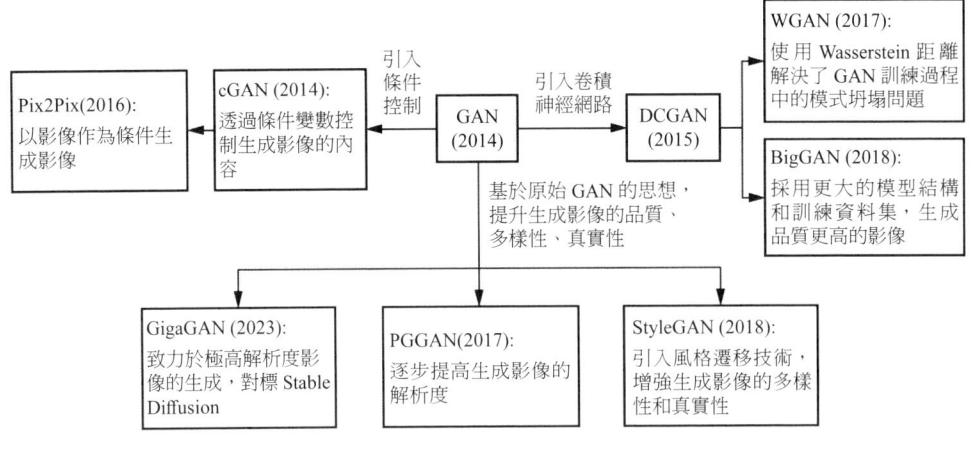

▲ 圖 2-6 里程碑式 GAN 模型的發展脈絡

2.2.3 GAN 時代的「圖生圖」

在 AI 影像生成任務中，「圖生圖」是一個常見的應用場景，例如將素描影像轉為彩色影像，或將日間景觀轉為夜景，或在短視訊平臺上常見的「人像卡通化特效」。Pix2Pix 的系列工作解決了 GAN 時代不能實現「圖生圖」的問題。Pix2Pix 延續了 cGAN 的思想，將 cGAN 的條件換成了與原影像尺寸相同的影像，可以實現將輪廓影像轉為逼真影像、將黑白影像轉為彩色影像等效果。Pix2Pix 的「圖生圖」效果如圖 2-7 所示。查看該效果是不是感覺很熟悉？沒錯，Pix2Pix 就是 GAN 時代的 ControlNet。

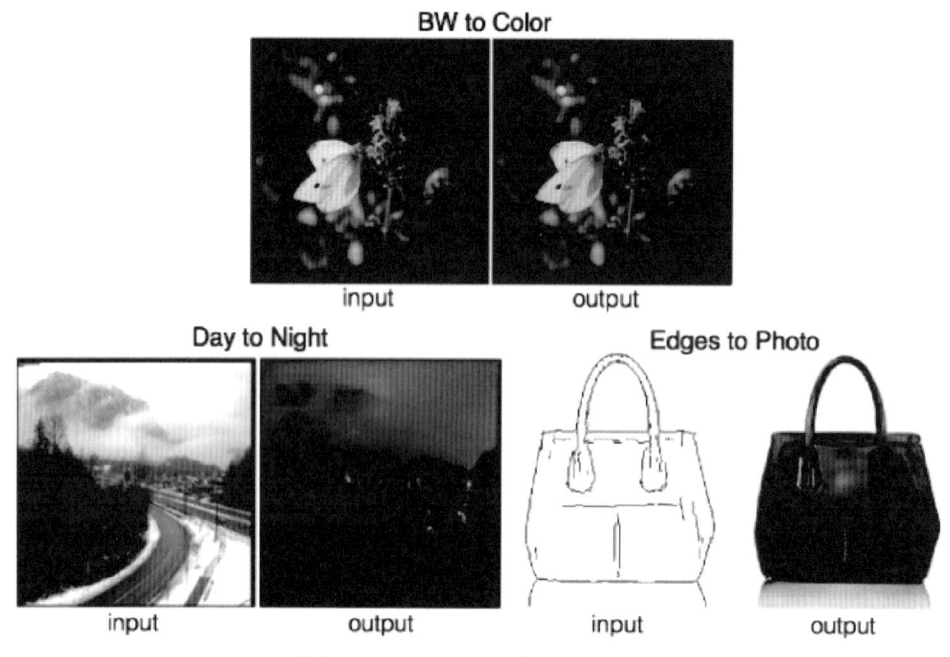

▲ 圖 2-7　Pix2Pix 的「圖生圖」效果

　　Pix2Pix 以其高效率和輕量化著稱，特別是在需要將成對影像進行轉換的應用中表現出色，能夠在性能有限的裝置上實現即時影像轉換。自 2018 年以來，短視訊平臺廣泛應用基於 Pix2Pix 的即時變臉特效，如年齡變換和性別變換。然而，Pix2Pix 的一大挑戰在於對大量成對的訓練資料的依賴，成對的訓練資料在實踐中往往難以獲取。

　　CycleGAN，即循環 GAN 應運而生，它透過引入循環一致性損失函數，使得模型能夠在沒有成對的訓練資料的情況下，實現從一個領域到另一個領域的影像轉換。圖 2-8 所示為 CycleGAN 生成的成對的訓練資料。

2.2 「舊畫師」GAN

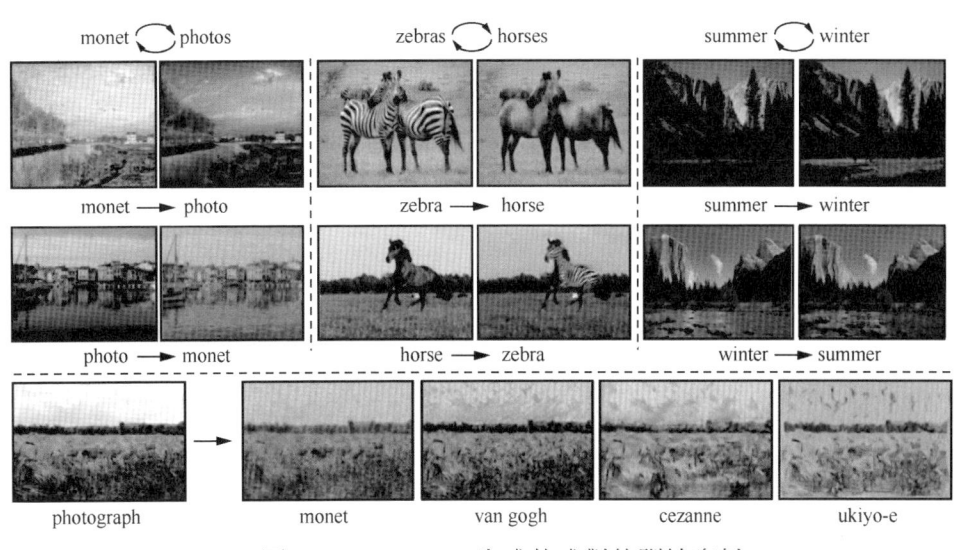

▲ 圖 2-8　CycleGAN 生成的成對的訓練資料

　　CycleGAN 包含兩個生成器和兩個判別器，分別負責兩個領域影像的轉換和真假影像的鑑別。利用循環一致性損失函數，CycleGAN 確保了影像從一個領域轉換到另一個領域再轉換回原始領域時，影像內容能夠保持一致，例如將馬轉為斑馬，再將斑馬轉換回馬，最終影像應與原始馬的影像一致。

　　CycleGAN 的出現為影像轉換任務提供了一種靈活而強大的解決方案，特別是在無法獲得成對的訓練資料的場景中表現出色。Pix2Pix 和 CycleGAN 的結合，為短視訊特效製作提供了廣泛的可能性，成為該領域的重要技術基礎。舉例來說，如果希望即時將短視訊中的成人面部轉換成兒童面部，只需要收集大量的成人和兒童面部影像，便可以先使用 CycleGAN 實現成人面部到兒童面部的轉換，然後使用生成的成對的訓練資料訓練 Pix2Pix，即可即時處理短視訊。

2.2.4 GAN 的技術應用

GAN 模型在影像生成、局部編輯和風格化等領域獲得了廣泛應用。

在影像生成領域，GAN 能夠從隨機雜訊生成逼真的影像，如自然風景、動物等，為藝術創作和虛擬場景製作提供了強大支援。圖 2-9 所示為使用 GigaGAN 生成的影像效果。

▲ 圖 2-9 使用 GigaGAN 生成的影像效果

在影像局部編輯領域，GAN 透過結合輸入影像和編輯向量，能夠在影像的特定區域進行精細調整，如變換顏色、紋理或形狀，使影像編輯和修復更加靈活、高效。圖 2-10 所示為使用 StyleCLIP 進行影像局部編輯的效果。

在影像風格化領域中，GAN 透過訓練特定的生成器網路，將普通影像轉換成具有特定藝術風格的作品，如油畫、水彩畫等。這一技術被廣泛應用於藝術創作和社交媒體濾鏡。

2.2 「舊畫師」GAN

此外，GAN 還被用於老照片的修復，GAN 能夠有效修復老照片中的損壞或模糊部分，對於文物保護和歷史文件修復具有重要價值。圖 2-11 所示為使用 CodeFormer 演算法修復老照片的效果。

▲ 圖 2-10 使用 StyleCLIP 進行影像局部編輯的效果

▲ 圖 2-11 使用 CodeFormer 進行影像超解析度處理的效果

2.3「新畫師」擴散模型

儘管 GAN 逐漸變得流行，但它仍然存在著局限性，例如生成對抗訓練的過程不穩定、單一模型生成風格的多樣性不足，以及影像編輯能力有限等問題。以 Stable Diffusion 為代表的擴散模型在內容精緻度、風格多樣性和通用編輯等方面突破了 GAN 的局限性。如果 GAN 是「舊畫師」，擴散模型就是當下備受推崇的「新畫師」。對於 DALL·E 2、DALL·E 3、Imagen、Stable Diffusion 這些大名鼎鼎的模型，它們背後的「魔術師」都是擴散模型。

2.3.1 加入雜訊過程：從原始影像到雜訊圖

擴散模型的靈感源自熱力學的擴散現象，該現象描述了系統從有序狀態到無序狀態的過程。想像這樣的過程，向一杯清水中滴入一滴紅色墨水，一段時間後，整杯水都變成淡紅色。

用於影像生成任務的擴散模型遵循類似的原理：對一張影像，逐步向其加入雜訊，最終影像將變成一張均勻的雜訊圖（全是雜訊的影像），整個過程如圖 2-12 所示。

▲ 圖 2-12 向原始影像中逐步加入雜訊

如果把這個過程反過來，從一張隨機雜訊圖出發，逐步去除雜訊，最終生成一張高品質的影像，這便達成了影像生成的目的，整個過程如圖 2-13 所示。

2.3 「新畫師」擴散模型

▲ 圖 2-13 逐步去除雜訊得到清晰的影像

從上面兩個過程可以看出，基於擴散模型實現影像生成任務需要關注兩個環節—加入雜訊過程和去除雜訊過程。

在最初的擴散模型中，無論是把一張影像加入雜訊成純雜訊圖，還是對純雜訊圖進行去除雜訊處理最終生成一張清晰的影像，都需要多個步驟。為了量化這一過程中加入了多少步雜訊，引入了時間步的概念。通常而言，加入雜訊過程的總時間步 T 設置為 1000，時間步 t 的設定值是 1～1000 中的整數。對於加入雜訊過程，每步增加的雜訊是符合高斯分佈的隨機雜訊，根據時間步 t 來控制增加雜訊的強度。t 接近 0，加入雜訊結果接近原始影像；t 接近 1000，加入雜訊結果接近純雜訊圖。圖 2-14 所示為從第 0 步到第 $t-1$ 步、第 t 步，直到第 T 步加入雜訊過程，$q(x_t|x_{t-1})$ 表示一個加入雜訊步驟。

對於擴散模型的加入雜訊過程，每步的加入雜訊結果僅依賴於上一步的加入雜訊結果和當前時間步 t 的加入雜訊步驟，因此整個加入雜訊過程可以看成參數化的馬可夫鏈。馬可夫鏈是一種數學模型，用於描述隨機事件的序列，其中每個事件的機率僅取決於上一個事件的狀態。

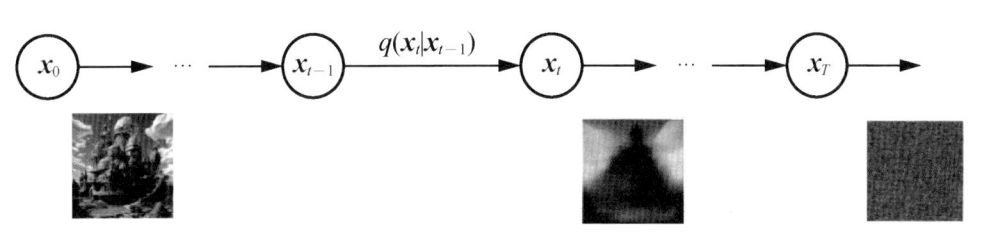

▲ 圖 2-14 影像加入雜訊過程

對於加入雜訊過程，每步的加入雜訊結果可以根據上一步的加入雜訊結果和當前時間步 t 計算得到，計算過程如式（2.1）所示：

$$x_t = \sqrt{\alpha_t} x_{t-1} + \sqrt{1-\alpha_t} \epsilon \qquad (2.1)$$

其中，x_t 表示第 t 步的加入雜訊結果；x_{t-1} 表示第 $t-1$ 步的加入雜訊結果；α_t 是一個預先設置的超參數，用於控制隨時間步變化的雜訊，可以視為預先設置好的 1000 個參數；ϵ 表示一個高斯雜訊。

經過數學推導，x_t 也可以透過對原始影像 x_0 進行一次計算得到，計算過程如式（2.2）所示：

$$x_t = \sqrt{\overline{\alpha}_t} x_0 + \sqrt{1-\overline{\alpha}_t} \epsilon \qquad (2.2)$$

其中，x_0 表示原始影像，$\overline{\alpha}_t$ 表示從 α_1 到 α_t 的乘積。對於一張原始影像，可以透過一次計算得到任意時間步 t 的加入雜訊結果。

2.3.2 去除雜訊過程：從雜訊圖到清晰影像

如何從加入雜訊後的雜訊圖得到清晰的影像呢？按照加入雜訊 1000 步得到純雜訊圖的邏輯反向思考，需要重複 1000 步這樣的過程：先根據當前時間步 t「計算」出上一步加入的雜訊，然後在雜訊圖中「減去」這個雜訊，得到較清晰的影像。這裡的「計算」和「減去」的工作將在 2.4 節和 2.5 節中進行解釋。當 1000 步雜訊「計算」和雜訊「減去」的工作完成時，便獲得了清晰的影像。圖 2-15 所示為擴散模型從第 T 步到第 t 步、第 $t-1$ 步，直到第 0 步的去除雜訊過程，$p_\theta(x_{t-1}|x_t)$ 表示一個去除雜訊步驟，其中 θ 表示待學習的神經網路權重。

2.3 「新畫師」擴散模型

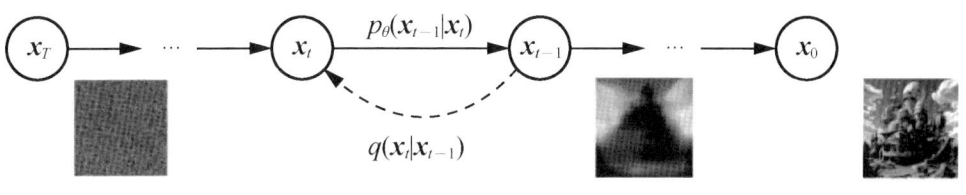

▲ 圖 2-15 影像去除雜訊過程

「計算」雜訊的過程可以透過深度學習模型來完成，這個模型的輸入包括當前時間步 t 的加入雜訊後的影像和當前時間步 t 的編碼，輸出是這一步要「減去」的雜訊，如圖 2-16 所示。因為雜訊和加入雜訊後影像的尺寸是一致的，非常符合 2.4 節中將要介紹的 U-Net 模型的特性，因此使用 U-Net 模型「計算」當前時間步的雜訊成為常見做法。

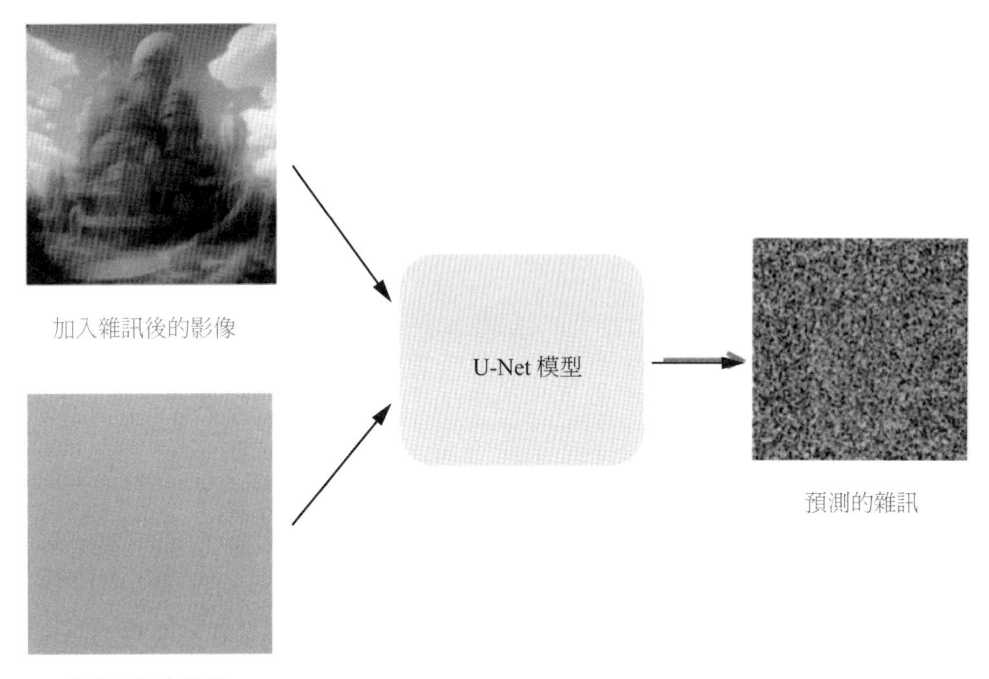

▲ 圖 2-16 使用 U-Net 模型「計算」當前時間步的雜訊

第 2 章 影像生成模型：GAN 和擴散模型

「減去」雜訊並不是直接在加入雜訊後的影像上進行數值減法，而是透過 2.5 節中介紹的採樣器來完成，這裡可以暫時將採樣器當作一個黑盒，如圖 2-17 所示。採樣器的輸入包括當前時間步 t 的加入雜訊後的影像、當前時間步的編碼、U-Net 模型預測的雜訊，採樣器的輸出為「減去」這一步雜訊得到的影像。

加入雜訊後的影像

當前時間步編碼

採樣器

「減去」這一步雜訊
得到的影像

U-Net 模型的預測雜訊

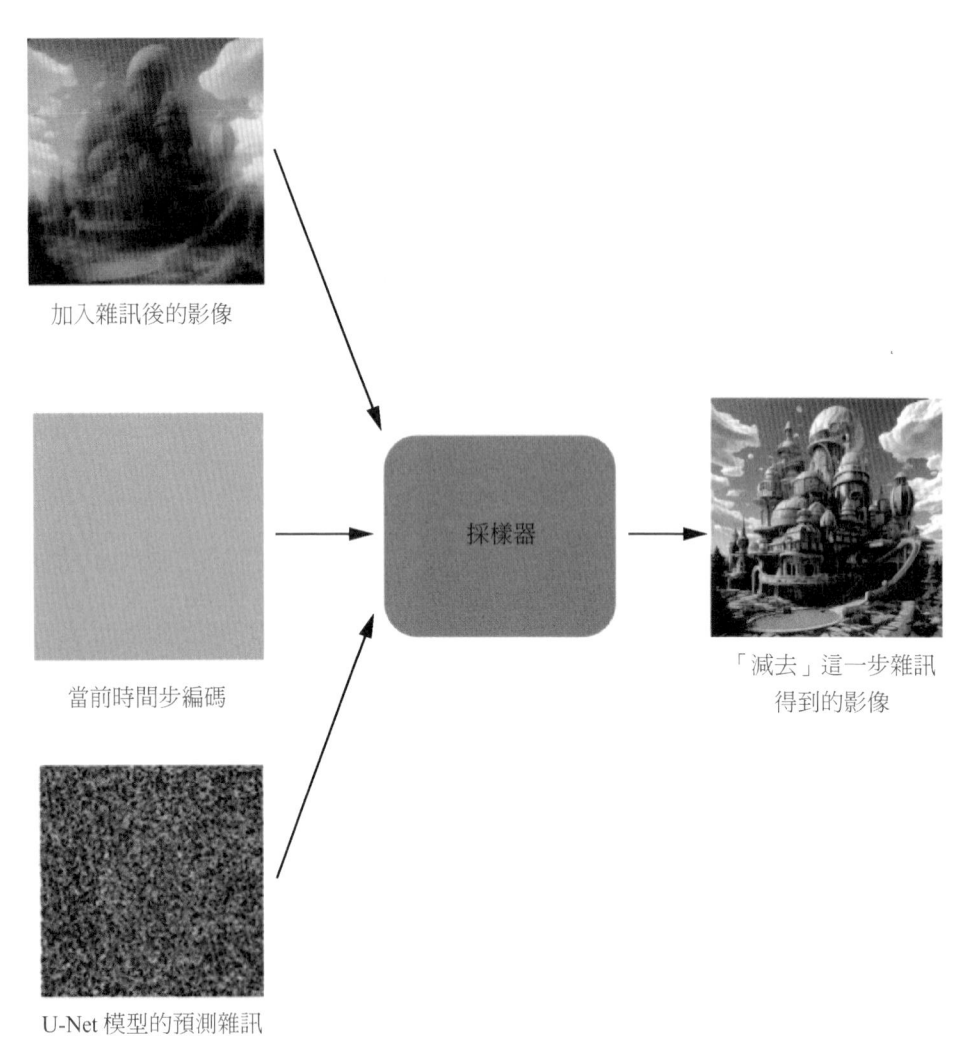

▲ 圖 2-17 使用採樣器「減去」當前時間步的雜訊

2.3.3 訓練過程和推理過程

在探討擴散模型的訓練和推理過程前,先進行限定:訓練過程針對的是 2.3.2 節提到的 U-Net 模型,推理過程則是指從一個高斯雜訊值出發得到一張清晰影像的全過程。

假設我們收集了一個用於訓練擴散模型的訓練集,整個訓練過程便是不斷重複以下 6 個步驟。

(1)每次從訓練集中隨機取出一張影像。

(2)從 1 至 1000 中隨機選擇一個時間步 t。

(3)隨機生成一個高斯雜訊。

(4)根據式(2.2),透過一次計算直接得到第 t 步的加入雜訊影像。

(5)將當前時間步 t 和加入雜訊後的影像作為 U-Net 模型的輸入以預測一個雜訊。

(6)使用步驟(5)預測的雜訊和步驟(3)隨機生成的高斯雜訊,計算數值誤差,並回傳梯度。

數值誤差的計算如式(2.3)所示,用到的是 L2 損失:

$$L_\theta = E_{t,x_0,\epsilon} \left[\| \epsilon - \epsilon_\theta \left(\sqrt{\overline{\alpha}_t} x_0 + \sqrt{1-\overline{\alpha}_t} \epsilon, t \right) \|^2 \right] \quad (2.3)$$

其中,x_0 表示原始影像,$\overline{\alpha}_t$ 表示從 α_1 到 α_t 的乘積,t 表示當前時間步,ϵ 表示隨機生成的高斯雜訊,ϵ_θ 表示 U-Net 模型。根據原始影像和時間步,U-Net 模型可以預測當前時間步的雜訊。

反覆執行上面的 6 步，直到 U-Net 模型的損失函數逐漸收斂到較小的數值，就表示擴散模型已訓練完成。擴散模型的訓練過程如程式清單 2-5 所示，net_model 方法的輸出 out 便是要訓練的 U-Net 模型預測的雜訊。

➜ 程式清單 2-5

```
for i, (x_0) in enumerate(tqdm_data_loader):
    # 將資料載入至相應的執行裝置 (device)
    x_0 = x_0.to(device)
    
    # 對於每張影像，隨機在 1 ～ T 的時間步中進行採樣
    t = torch.randint(1, T, size=(x_0.shape[0],), device=device)
    
    # 取得各時間步 t 對應的 alpha_t 的開方結果的連乘
    sqrt_alpha_t_bar = torch.gather(sqrt_alphas_bar, dim=0,
                    index=t).reshape(-1, 1, 1, 1)
    
    # 取得各時間步 t 對應的 1-alpha_t 的開方結果的連乘
    sqrt_one_minus_alpha_t_bar = torch.gather(sqrt_one_minus_alphas_bar,
                    dim=0, index=t).reshape(-1, 1, 1, 1)
    
    # 隨機生成一個高斯雜訊
    noise = torch.randn_like(x_0).to(device)
    
    # 計算第 t 步的加入雜訊影像 x_t
    x_t = sqrt_alpha_t_bar * x_0 + sqrt_one_minus_alpha_t_bar * noise
    
    # 將 x_t 輸入 U-Net 模型，得到預測的雜訊
    out = net_model(x_t, t)
    
    loss = loss_function(out, noise)  # 用預測的雜訊和隨機生成的高斯雜訊計算損失
    optimizer.zero_grad()    # 將最佳化器的梯度清零
    loss.backward()    # 對損失函數反向求導以計算梯度
    optimizer.step()    # 更新最佳化器參數
```

2.3 「新畫師」擴散模型

當完成 U-Net 模型的訓練時，便可以配合採樣器，從雜訊圖出發逐步去除雜訊生成影像。程式清單 2-6 所示為使用去除雜訊擴散機率模型（Denoising Diffusion Probabilistic Model，DDPM）採樣器，從純雜訊圖得到清晰影像的過程。在每一去除雜訊步驟中，根據當前時間步的雜訊圖、當前時間步編碼和 U-Net 模型預測雜訊，可以透過式（2.4）計算得到去除一步雜訊的影像。

$$x_{t-1} = \frac{1}{\sqrt{\alpha_t}}\left(x_t - \frac{1-\alpha_t}{\sqrt{1-\bar{\alpha}_t}}\hat{\varepsilon}_t\right) + \sqrt{\beta_t}z \qquad (2.4)$$

其中 $\beta_t = 1-\alpha_t$，z 表示一個高斯雜訊。式（2.4）的推導過程將在 2.5.1 節中介紹。

➔ 程式清單 2-6

```
for t_step in reversed(range(T)):   # 從 T 開始向 0 迭代
    t = t_step
    t = torch.tensor(t).to(device)

    # 如果時間步大於 0，則隨機生成一個高斯雜訊
    # 如果時間步為 0，即已經回到原始影像，則無須再增加雜訊
    z = torch.randn_like(x_t,device=device) if t_step > 0 else 0

    # 使用 DDPM 採樣器並根據式（2.4）進行計算（此步驟中額外增加了一個高斯雜訊）
    x_t_minus_one = torch.sqrt(1/alphas[t])*(x_t-(1-alphas[t]) \
                    *model(x_t,t.reshape(1,))/torch.sqrt(1-alphas_bar[t])) \
                    +torch.sqrt(betas[t])*z

    x_t = x_t_minus_one
```

直覺上，從純雜訊圖去除雜訊得到影像需要 1000 步去除雜訊步驟來完成。不過，在實際操作中，透過數學推導的方式來完成並不需要 1000 步，例如 2.5 節介紹的 Euler a 採樣器，只需要 20～30 步去除雜訊步驟，便可以從純雜訊圖去除雜訊得到清晰的影像。

2.3.4 擴散模型與 GAN

GAN 是透過生成器、判別器對抗訓練的方式實現影像生成，本質上是類神經網路的左右互搏。擴散模型則是透過學習一個去除雜訊的過程實現影像生成。「舊畫師」GAN 和「新畫師」擴散模型的特點還有很多不同，它們的多維度對比如表 2-1 所示。

▼ 表 2-1 GAN 和擴散模型的多維度對比

對比維度	GAN	擴散模型
應用	2019～2021 年風靡短視訊平臺的年齡變換、性別變換特效背後的技術	Midjourney、Stable Diffusion 等 AI 影像生成模型背後的技術
多樣性	缺少多樣性，需要針對每個任務訓練一個單獨的模型	多樣性強，一個模型可以完成多個任務，如性別、風格變換等
訓練穩定性	同時最佳化生成器和判別器，訓練過程不穩定	擬合高斯雜訊的 L2 損失，訓練過程穩定
模型效率	生成效率高，甚至可以做到即時生成	生成效率低，每步去除雜訊都是模型推理過程
潛在能力	技術相對成熟，未來有可能出現對標擴散模型的 GAN	影像生成速度越來越快、模型越來越小、編輯能力越來越強，發展潛力大

2.4 擴散模型的 U-Net 模型

在 2.3 節關於使用擴散模型進行影像生成的討論中，U-Net 模型用於預測每步的雜訊，發揮了至關重要的作用。本節將圍繞 U-Net 模型的原理和應用展開，具體包括以下 3 個議題。

2.4 擴散模型的 U-Net 模型

- U-Net 模型的基本結構和程式實現是怎樣的？
- U-Net 模型的損失函數是什麼？
- U-Net 模型如何應用於影像生成任務？

2.4.1 巧妙的 U 形結構

U-Net 模型最初被用於醫學影像分割任務，是深度學習領域的重要創新。影像分類與影像分割任務的目標和輸出結果有所不同。影像分類任務的目標是為整張影像分配一個整體標籤，而影像分割任務的目標是為每個像素分配類別標籤；影像分類任務的輸出結果是一系列目標類別的機率值，而影像分割任務的輸出結果是一張標注了像素類別標籤的「特殊影像」。

U-Net 模型的結構是一個 U 形的全卷積神經網路。全卷積神經網路是指只由卷積運算組成、不包含任何全連接層的神經網路。這個 U 形的全卷積神經網路由一個編碼器模組和一個解碼器模組組成，如圖 2-18 所示。

可以看到，U 形的全卷積神經網路由兩部分組成：左側是編碼器，右側是解碼器，編碼器和解碼器之間還會有用於特徵融合的跳躍連接（Skip Connection）。對於影像分割任務，編碼器的輸入是原始影像，解碼器的輸出是影像分割結果。U-Net 模型的輸出結果的尺寸有時會比輸入影像的尺寸小，需要一些後續處理步驟（如插值）來調整輸出尺寸，得到和輸入影像尺寸一致的結果。U-Net 模型輸入和輸出的「一致性」，讓該模型可以應用於各種需要輸出「影像」的任務。

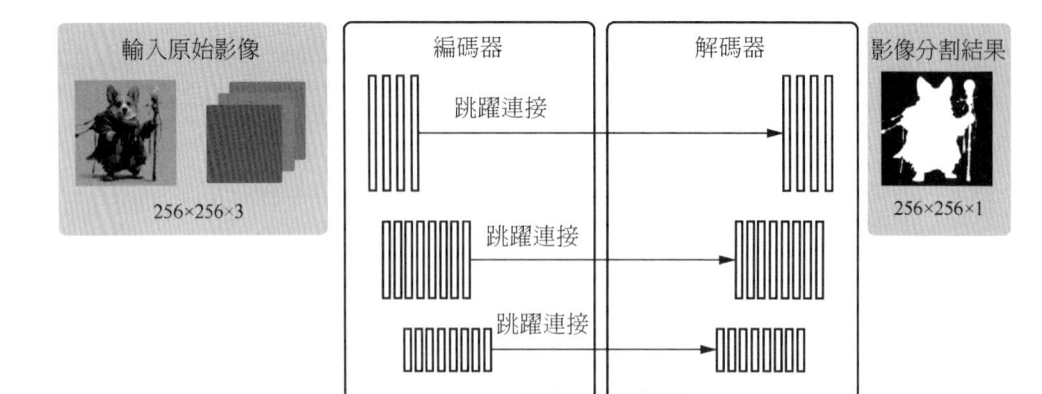

第 2 章　影像生成模型：GAN 和擴散模型

U-Net 模型的結構

▲ 圖 2-18　U-Net 模型的結構示意

　　U-Net 模型的編碼器由連續的卷積層和池化層交替組成，每個卷積層用於提取更深層的特徵圖，通常在卷積後使用非線性啟動函數（如 ReLU）以引入非線性因素。池化層用於進行下採樣，以減小每層的空間尺寸。經過編碼器處理，高解析度的輸入影像就轉化成了具備較小空間尺寸的特徵圖。

　　U-Net 模型的編碼器部分的實現如程式清單 2-7 所示。首先，定義一個名為 `DoubleConv` 的類別，其中包含兩次「卷積→ BatchNorm 歸一化→ ReLU」操作（BatchNorm 歸一化操作並不改變特徵圖的尺寸，該操作可以看作對特徵圖的數值範圍進行約束）；然後，定義一個名為 `DownSample` 的類別，其中包含一次「最大池化→ DoubleConv」操作；最後，定義一個名為 `UNetEncoder` 的類別，將 `DoubleConv` 和 `DownSample` 串聯，形成完整的 U-Net 模型的編碼器。

→ 程式清單 2-7

```
class DoubleConv(nn.Module):
    # 兩次「卷積→ BatchNorm 歸一化→ ReLU」操作
    def __init__(self, in_channels, out_channels, mid_channels=None):
        super().__init__()
        if not mid_channels:
            mid_channels = out_channels
```

2.4 擴散模型的 U-Net 模型

```python
        self.conv1 = nn.Sequential(nn.Conv2d(in_channels, mid_channels, \
                    kernel_size=3, padding=1),
                    nn.BatchNorm2d(mid_channels),
                    nn.ReLU(inplace=True))

        self.conv2 = nn.Sequential(nn.Conv2d(mid_channels, out_channels, \
                    kernel_size=3, padding=1),
            nn.BatchNorm2d(out_channels),
            nn.ReLU(inplace=True))

    def forward(self, x):
        x1 = self.conv1(x)
        x2 = self.conv2(x1)
        return self.double_conv(x2)

class DownSample(nn.Module):
    """ 下採樣層 """
    def __init__(self, in_channels, out_channels):
        super().__init__()
        self.pooling_layer = nn.Sequential(
            nn.MaxPool2d(2),
            DoubleConv(in_channels, out_channels)
        )
    def forward(self, x):
        return self.pooling_layer(x)

class UNetEncoder(nn.Module):
    def __init__(self, input_channels):
        super(UNetEncoder, self).__init__()
        self.input_channels = input_channels
        self.entry_conv = DoubleConv(self.input_channels, 64)
        self.down1 = DownSample(64, 128)
        self.down2 = DownSample(128, 256)
        self.down3 = DownSample(256, 512)
    def forward(self, input_tensor):
    # 入口層
        feature1 = self.entry_conv(input_tensor)
        # 連續下採樣
```

```
feature2 = self.down1(feature1)
feature3 = self.down2(feature2)
feature4 = self.down3(feature4)
return feature4
```

U-Net 模型的解碼器與編碼器相反，它透過連續的轉置卷積（Transpose Convolution）層進行上採樣，逐步將低維特徵圖恢復到原始影像的尺寸。每個轉置卷積層的操作完成後，得到的特徵圖同樣會執行非線性啟動函數，以增強模型的非線性。解碼器的目的是利用編碼器生成的深層特徵，生成與輸入影像尺寸相同的結果，以便模型做出像素級的預測。

這裡出現了一個新概念—轉置卷積。轉置卷積常用於影像生成任務、影像分割任務，它透過在輸入特徵圖中插入數值 0，再應用卷積操作，放大特徵圖的尺寸。透過轉置卷積將特徵圖尺寸放大一倍的範例如程式清單 2-8 所示。

→ 程式清單 2-8

```python
import torch
import torch.nn as nn

# 建立一個轉置卷積層實例
# 假設輸入特徵圖的通道數為 128，輸出特徵圖的通道數為 64
transpose_conv = nn.ConvTranspose2d(in_channels=128, out_channels=64, \
                kernel_size=3, stride=2, padding=1, output_padding=1)

# 建立一個假設的輸入特徵圖
# 假設批次大小為 1，通道數為 128，高度和寬度為 32px×32px
input_tensor = torch.randn(1, 128, 32, 32)

# 透過轉置卷積層進行上採樣
output_tensor = transpose_conv(input_tensor)

# 輸出結果的尺寸
print("Output Tensor Shape:", output_tensor.shape)

# 輸出結果為：Output Tensor Shape: torch.Size([1, 64, 64, 64])
```

2.4 擴散模型的 U-Net 模型

程式清單 2-9 所示為 U-Net 模型的解碼器程式實現。首先，定義一個名為 `UpSample` 的類別，透過轉置卷積層和 `DoubleConv` 類別完成一次特徵圖上採樣；然後，定義一個名為 `FinalConv` 的類別，用於將輸出特徵圖的通道數調整為目標數值，例如對於影像分割任務，輸出結果應該是一個三通道的影像；最後，定義 `UNetDecoder` 類別，將 `DoubleConv`、`UpSample` 和 `FinalConv` 串聯，形成完整的 U-Net 模型的解碼器。

→ 程式清單 2-9

```python
class UpSample(nn.Module):
    """ 上採樣層 """
    def __init__(self, in_channels, out_channels):
        super(UpSample, self).__init__()
        self.up_conv = nn.ConvTranspose2d(in_channels , in_channels // 2,
                    kernel_size=2, stride=2)
        self.post_conv = DoubleConv(in_channels, out_channels)
    def forward(self, x, skip_x):
        x = self.up_conv(x)
        x = torch.cat([skip_x, x], dim=1)
        return self.post_conv(x)

class FinalConv(nn.Module):
    def __init__(self, in_channels, out_channels):
        super(FinalConv, self).__init__()
        self.final_conv = nn.Conv2d(in_channels, out_channels, kernel_size=1)
    def forward(self, x):
        return self.final_conv(x)

class UNetDecoder(nn.Module):
    def __init__(self, n_classes):
        super(UNetDecoder, self).__init__()
        self.n_classes = n_classes
        self.up1 = Up(512, 256)
        self.up2 = Up(256, 128)
        self.up3 = Up(128, 64)
        self.final_conv = FinalConv(64, n_classes)
    def forward(self, x4, x3, x2, x1):
        x = self.up1(x4, x3)
```

```
        x = self.up2(x, x2)
        x = self.up3(x, x1)
        output = self.final_conv(x)
        return output
```

　　將編碼器的輸出作為解碼器的輸入，這樣便實現了一個用於影像分割任務的 U 形的全卷積神經網路。在這種結構的基礎上，U-Net 模型還加入了跳躍連接。跳躍連接將編碼器中的特徵圖與相應層級的解碼器中的特徵圖連接在一起，這樣解碼器才能捕捉更豐富的細節資訊，進一步提高網路性能。程式清單 2-10 組裝了編碼器、解碼器和跳躍連接，形成了完整的 U-Net 模型。

→ 程式清單 2-10

```
class FullUNet(nn.Module):
    def __init__(self, input_channels, num_classes):
        super(FullUNet, self).__init__()
        self.input_channels = input_channels
        self.num_classes = num_classes
        self.encoder1 = DoubleConv(input_channels, 64)
        self.encoder2 = DownSample(64, 128)
        self.encoder3 = DownSample(128, 256)
        self.encoder4 = DownSample(256, 512)
        self.decoder1 = Up(512, 256)
        self.decoder2 = Up(256, 128)
        self.decoder3 = Up(128, 64)
        self.classifier = OutConv(64, n_classes)
    def forward(self, input_tensor):
        # 編碼器部分
        enc1 = self.encoder1(input_tensor)
        enc2 = self.encoder2(enc1)
        enc3 = self.encoder3(enc2)
        enc4 = self.encoder4(enc3)
        # 解碼器部分，需要傳入編碼器的輸出作為跳躍連接
        dec1 = self.decoder1(enc4, enc3)
        dec2 = self.decoder2(dec1, enc2)
        dec3 = self.decoder3(dec2, enc1)
        # 分類層
        output = self.classifier(dec3)
```

2.4 擴散模型的 U-Net 模型

```
        return output
# 使用範例
# unet_model = FullUNet(n_channels=3, n_classes=2)
# sample_input = torch.randn(1, 3, 256, 256)
# 假設輸入是一個 batch size 為 1 的 256x256 影像
# output = unet_model(sample_input)
# print(output.shape)
```

2.4.2 損失函數設計

對於影像分割任務，交叉熵損失函數是一種常用的損失函數。交叉熵損失函數被廣泛用於影像分類任務，它能度量模型的預測標籤分佈與真實標籤分佈之間的差異。對於影像分類任務，只需要為整張圖預測一個類別。而對於影像分割任務，每個像素都需要進行分類，也就是判斷這個像素屬於哪個類別，因此，需要對影像中每個像素都計算交叉熵損失，用求平均值或求和的方式將這些交叉熵損失合併，得到最終的損失值。影像分類任務和影像分割任務中交叉熵損失函數的程式實現，如程式清單 2-11 所示。

➔ 程式清單 2-11

```
import numpy as np

def cross_entropy_classification(y_true, y_pred):
    """
    y_true：真實標籤。這是任務的真實結果，通常由人類標注或事先已知。
    對於影像分類任務（如貓、狗分類），y_true 可以是類別的索引或 one-hot 編碼表示。
    y_pred：預測標籤。這是模型預測的結果。
    對於影像分類任務，y_pred 是一個機率分佈向量，表示每個類別的預測機率。
    """
    # 數值穩定性處理，將預測標籤限制在 [1e-9, 1-1e-9] 內
    y_pred = np.clip(y_pred, 1e-9, 1 - 1e-9)
    return -np.sum(y_true * np.log(y_pred))

def cross_entropy_segmentation(y_true, y_pred):
    """
```

```
    y_true：真實標籤。這是任務的真實結果，通常由人類標注或事先已知。
    對於影像分割任務（如語義分割），y_true 是一個二維或多維陣列，
    是每個像素對應的類別索引或 one-hot 編碼表示。
    y_pred：預測標籤。這是模型預測的結果。
    對於影像分割任務，y_pred 是一個三維陣列，用於儲存每個類別在每個像素的預測機率。
    """

    # 數值穩定性處理，將預測標籤限制在 [1e-9, 1-1e-9] 內
    y_pred = np.clip(y_pred, 1e-9, 1 - 1e-9)
    num_classes, height, width = y_true.shape
    total_loss = 0

    for c in range(num_classes):
        for i in range(height):
            for j in range(width):
                total_loss += y_true[c, i, j] * np.log(y_pred[c, i, j])

    return -total_loss

# 範例程式（假設類別是經過 one-hot 編碼的）
y_true_class = np.array([0, 1, 0])
y_pred_class = np.array([0.1, 0.8, 0.1])

y_true_segment = np.random.randint(0, 2, (3, 32, 32))
y_pred_segment = np.random.rand(3, 32, 32)

# 計算影像分類任務損失
classification_loss = cross_entropy_classification(y_true_class, y_pred_class)
# 計算影像分割任務損失
segmentation_loss = cross_entropy_segmentation(y_true_segment, y_pred_segment)

print("影像分類任務損失：", classification_loss)
print("影像分割任務損失：", segmentation_loss)
```

透過最小化交叉熵損失函數，可以訓練 U-Net 模型以獲取準確的像素級分類。在實際操作中，還可以使用其他損失函數，如 Dice 損失函數、交並比（Intersection over Union，IoU）損失函數等，衡量預測標籤分佈與真實標籤分佈之間的差異。這些損失函數各有優劣，可能在不同類型的任務中表現出不

2.4 擴散模型的 U-Net 模型

同的性能。在選擇損失函數時，需要考慮實際任務的特點。舉例來說，在醫學影像分割任務中，目的地區域（如腫瘤）通常比背景（如健康組織）小得多，這會導致資料不平衡，可以使用 Dice 損失函數；如果目的地區域的形狀和大小在影像中有很大變化，可以使用更善於捕捉目的地區域整體形狀的 IoU 損失函數。

2.4.3 應用於擴散模型

U-Net 模型的應用非常廣泛，除了影像分割任務，它還被廣泛應用於影像超解析度任務、影像風格化任務、影像生成任務等。舉例來說，在影像超解析度任務中，U-Net 模型的輸入是低解析度影像，輸出是高解析度、高品質的影像；在影像風格化任務中，U-Net 模型的輸入是原始影像，輸出是具有特定藝術風格的影像。

在擴散模型的反向去除雜訊過程中，U-Net 模型同樣至關重要。它被用於預測每個時間步中應該從雜訊資料中去除的雜訊，從而逐步重建出原始影像。這裡的關鍵在於，U-Net 模型需要根據當前的加入雜訊後的影像和當前時間步編碼來預測原始資料的條件機率分佈。訓練一個實現影像生成的擴散模型，本質上就是最佳化 U-Net 模型的參數。

U-Net 模型屬於傳統卷積神經網路結構。有意思的是，學者們也在試圖替代擴散模型中的 U-Net 模型的結構，例如 2022 年 12 月美國加州大學柏克萊分校的學者提出了使用純粹的 Transformer 結構替代 U-Net 模型的結構。擅長處理序列資料的 Transformer 模型，憑藉其能夠在輸入和輸出時保持相同的「解析度」（序列長度保持不變），成了擴散模型中 U-Net 模型的結構的有前景的替代方案。2024 年 2 月，OpenAI 推出的視訊生成模型 Sora 和 Stability AI 推出的最新一代「文生圖」模型 Stable Diffusion 3 使用的雜訊預測模型的結構正是 Transformer 結構。

2.5 擴散模型的採樣器

對於擴散模型中 U-Net 模型預測的雜訊，並不能透過簡單的「減去」操作來完成去除雜訊，而是要使用名為採樣器的模組。對於背後的原因可以這樣理解：U-Net 模型預測出的雜訊是基於對整個資料分佈的學習得出的，由於存在預測誤差，直接用預測雜訊進行「減去」操作可能導致生成的影像偏離原始資料的條件機率分佈。而使用採樣器，可以在多次迭代中對生成的影像進行逐漸調整，更精確地逼近原始資料的條件機率分佈。

在常見的基於擴散模型的影像生成軟體中，採用了十餘種不同的採樣器（這個數量還在不斷增加），例如經典的 DDPM、快速的去除雜訊擴散隱式模型（Denoising Diffusion Implicit Model，DDIM）等。每種採樣器都基於其獨特的數學基礎，這直接影響了它們在影像生成任務的生成速度和生成品質。本節圍繞 DDPM 採樣器展開，重點討論它的原理和如何選擇合適的採樣器。

2.5.1 採樣器背後的原理

我們已經知道，加入雜訊的過程，是從一張真實的影像開始，逐漸給它加入雜訊。這個過程不是一步合格的，而是分為很多步，每步都加入一定的雜訊。經過足夠多的步驟，原始影像就變成了一片混亂的雜訊，基本上看不出任何原始影像的痕跡了。影像的加入雜訊過程是不需要用到採樣器的。在去除雜訊過程中，採樣器的任務是逆轉之前的加入雜訊過程，逐步從雜訊中恢復出原始影像。

在每一時間步 t，影像的加入雜訊結果可以表示為式（2.1）。在去除雜訊過程中，我們試圖從 x_t（幾乎是純雜訊圖）逐步恢復出 x_0（一張清晰影像）。在這個過程中透過一個參數化的神經網路（如 U-Net、Transformer 等）預測每一時間步 t 中增加的雜訊。

2.5 擴散模型的採樣器

重點在於，我們不是直接從 x_t 預測 x_{t-1}，而是預測加入 x_t 中的雜訊。預測雜訊可以表示為式（2.5）：

$$\hat{\epsilon}_t = f_\theta(x_t, t) \tag{2.5}$$

其中，f_θ 是神經網路，θ 是網路參數，$\hat{\epsilon}_t$ 是預測的雜訊。

為了從 x_t 計算出 x_{t-1}，首先將式（2.1）重新整理，得到式（2.6）：

$$x_{t-1} = \frac{x_t - \sqrt{1-\alpha_t}\,\hat{\epsilon}_t}{\sqrt{\alpha_t}} \tag{2.6}$$

這就是 2.3.2 節介紹的使用「減去」操作完成去除雜訊。DDPM 採樣器利用了條件機率分佈和貝氏公式。每一去除雜訊步驟實際上是基於條件機率分佈來進行的，即在替定當前時間步編碼和加入雜訊後的影像的條件下，預測原始影像的條件機率分佈。而以 U-Net 模型為代表的神經網路預測的雜訊是條件機率分佈的關鍵部分，它幫助採樣器理解當前加入雜訊後的影像與原始影像之間的關係。透過這些內容，DDPM 採樣器能夠在每個當前時間步 t 預測出在當前雜訊水準下最有可能的原始影像的樣子。

透過一系列數學上的變換和近似操作，最終得到 DDPM 採樣器的數學公式，如式（2.7）所示：

$$x_{t-1} = \frac{1}{\sqrt{\alpha_t}}\left(x_t - \frac{1-\alpha_t}{\sqrt{1-\bar{\alpha}_t}}\hat{\epsilon}_t\right) + \sqrt{\beta_t}\,z \tag{2.7}$$

在式（2.7）表示的去除雜訊步驟中，$\bar{\alpha}_t$ 和 α_t 有著調節去除雜訊程度的作用，確保在每步正確「減去」雜訊。這個逐步去除雜訊和重建影像的過程是 DDPM 採樣器的核心，能夠有效地從雜訊中生成高品質的影像。在擴散模型中，U-Net 模型負責預測雜訊，採樣器負責「減去」雜訊。反覆迭代這個過程，就能從雜訊圖 x_t 得到 x_{t-1}，然後得到 x_{t-2}，最終得到 x_0，也就是清晰可辨的影像。

第 2 章 影像生成模型：GAN 和擴散模型

如果遵循訓練過程的邏輯進行採樣，也就是每次去除雜訊的間隔時間步是 1，那麼在擴散模型中生成清晰影像需要進行 1000 步採樣，也就是 U-Net 模型的運算要重複 1000 次。這種方法非常耗時且佔用資源。實際上，如果使用一些「快速」的採樣器，例如 DDIM 採樣器、Euler a 採樣器等，只需要進行 20～30 步採樣就能得到清晰的影像。以 20 步採樣為例，模型每次去除雜訊的間隔時間步是 50，相當於一次去除 50 步雜訊，以跳躍的形式生成清晰的影像 x_0。因此，較少的步數表示每個去除雜訊過程的間隔時間步較大。這種方法可以更高效率地生成清晰影像，減少了計算量和時間消耗。

那麼間隔時間步大的採樣器如何更快實現這個過程呢？其實答案並不神秘。學術界發現，這一工程問題經過數學形式化處理，本質上是求解隨機微分方程（Stochastic Differential Equation，SDE）和常微分方程（Ordinary Differential Equation，ODE）的問題。

隨機微分方程描述的是一種或多種隨機因素影響系統的情況，系統的行為帶有隨機性。一個典型的例子是布朗運動，即液體中的微小顆粒由於受到來自各個方向的隨機碰撞，其運動軌跡變得難以預測。對於以隨機微分方程為基礎的採樣器，每步採樣的結果具有一定的隨機性。

相對地，常微分方程描述的是只含單一引數的連續變化系統，系統狀態轉移是確定的，沒有隨機性。一個典型的例子是熱傳導現象，因為在確定的條件（如初始溫度、邊界條件、系統物理性質等）下，熱量在物體中的傳遞過程是可以預測的。簡而言之，隨機微分方程研究的是隨機性系統，常微分方程研究的是確定性系統。對於以常微分方程為基礎的採樣器，每步採樣的結果是確定的。

2.5.2 如何選擇採樣器

在擴散模型的採樣過程中，不同的採樣器代表了不同的數學假設和設計理念，其中 DDPM 採樣器僅是許多選項中的一種。除了 DDPM 採樣器，還有 Euler a 採樣器、DPM 採樣器、DDIM 採樣器等經常被討論。

以「a」結尾的採樣器，如 Euler a、DPM2 a、DPM++ 2S a，都屬於祖先採樣器（Ancestral Sampler）。這類採樣器在每步採樣中會向當前時間步的影像加入雜訊，旨在增強生成影像的多樣性，但同時也會引入一定的隨機性。

名稱中帶有「Karras」的採樣器，如 LMS Karras、DPM2 Karras 等，它們的共同點是使用了「Elucidating the Design Space of Diffusion-Based Generative Models」一文中推薦的雜訊策略。這個策略本質是在去除雜訊過程接近結束時，將去除雜訊間隔時間步變小。該論文的實驗表明這種策略可以提升生成影像的品質。

名稱中帶有「DPM」的採樣器，如 DPM、DPM++、DPM2 Karras 等，通常具有不錯的影像生成品質。擴散機率模型（Diffusion Probabilistic Model，DPM）採樣器在 2022 年被提出，從名稱就能看出，這類採樣器是專門為擴散模型設計的。

DDPM 採樣器和 DDIM 採樣器由於在生成速度和影像品質方面沒有優勢，通常被認為已經過時。

在實際應用中，選擇合適的採樣器需根據特定需求，綜合考慮生成速度、影像品質、穩定性和可複現性，以及結果多樣性等因素，如表 2-2 所示。

▼ 表 2-2　採樣器選擇原則

考慮因素	選擇原則	採樣器推薦
生成速度	考慮選擇設計了最佳化路徑以減少採樣步驟的採樣器	DPM++ 2M Karras
影像品質	考慮選擇能夠生成高品質細節影像的採樣器	DPM2 Karras
穩定性和可複現性	避免選擇引入較多隨機性的採樣器，如以隨機微分方程為基礎的採樣器	DDPM、DDIM
結果多樣性	考慮選擇祖先採樣器，在每步採樣中加入雜訊來增強輸出的多樣性	Euler a、DPM2 a、DPM++ 2S a

可見，若同時追求生成速度和影像品質，則優選 DPM++ 2M Karras 採樣器，它可以在 20 ～ 30 步內完成採樣；若要追求穩定性和可複現性，應避免選擇以隨機微分方程為基礎的採樣器。

2.6　訓練一個擴散模型

本節將透過以下兩種方式訓練一個全新的擴散模型。

（1）使用一個高度整合的 Python 函數庫—denoising_diffusion_pytorch。

（2）使用一個很多開發者使用的 Python 函數庫—diffusers。

denoising_diffusion_pytorch 函數庫的設計初衷是讓開發者和研究人員能夠快速上手擴散模型的訓練，無須深入了解其背後的複雜機制。它的特點包括高度整合的設計、簡潔的應用程式介面（Application Program Interface，API），以及對初學者友善的使用體驗，非常適合追求快速實現原型的使用者使用。

相比之下，diffusers 函數庫則提供了更多的靈活性和訂製選項，允許使用者深入探究和訂製擴散模型的細節。diffusers 函數庫則已經被廣泛應用於影像生成專案，這表明了它具有強大的功能和靈活的訂製能力，這是本書特別推薦它的原因之一。

2.6.1 初探擴散模型：輕鬆入門

使用 denoising_diffusion_pytorch 函數庫訓練擴散模型，我們需要準備 Python 環境，確保環境中安裝了 Python 3.6 或更高版本的 Python。使用以下命令安裝 denoising_diffusion_ pytorch 函數庫：

```
pip install denoising_diffusion_pytorch
```

這個函數庫中提供了 U-Net 模型和擴散模型兩個封裝好的模組。可以透過兩行指令建立 U-Net 模型，並基於建立好的 U-Net 模型建立一個完整的擴散模型，同時指定影像尺寸和總加入雜訊步數，建立過程如程式清單 2-12 所示。

→ 程式清單 2-12

```
from denoising_diffusion_pytorch import UNet, GaussianDiffusion
import torch

# 實例化一個 U-Net 模型，設置基礎維度和不同層級的維度倍數
model = UNet(
    dim = 64,
    dim_mults = (1, 2, 4, 8)
).cuda()

# 實例化一個高斯擴散模型，配置其底層使用的 U-Net 模型、影像尺寸和總加入雜訊步數
diffusion = GaussianDiffusion(
    model,
    image_size = 128,
    timesteps = 1000    # 總加入雜訊步數
).cuda()
```

第 2 章　影像生成模型：GAN 和擴散模型

建立模型後，需要準備一個影像資料集用於擴散模型的訓練。在程式清單 2-13 中，我們隨機初始化 8 張影像，並分別透過前向推理和反向傳播完成擴散模型的一次訓練。

➜ 程式清單 2-13

```
# 使用隨機初始化的影像進行一次訓練
training_images = torch.randn(8, 3, 128, 128)
loss = diffusion(training_images.cuda())
loss.backward()
```

如果想用自己本地的影像，而非隨機初始化的影像，可以參考程式清單 2-14。

➜ 程式清單 2-14

```
from PIL import Image
import torchvision.transforms as transforms
import torch
# 預設一個變換操作，將 PIL Image 轉為 PyTorch Tensor，並進行歸一化
transform = transforms.Compose([
    transforms.Resize((128, 128)),
    transforms.ToTensor(),
])
# 假設有一個列表，其中包含 8 張影像的路徑
image_paths = ['path_to_your_image1', 'path_to_your_image2',
               'path_to_your_image3', 'path_to_your_image4',
               'path_to_your_image5', 'path_to_your_image6',
               'path_to_your_image7', 'path_to_your_image8']
# 使用列表壓縮讀取並處理這些影像
images = [transform(Image.open(image_path)) for image_path in image_paths]

''' 將處理好的影像列表轉為一個 4D Tensor，注意 torch.stack 能夠自動處理 3D Tensor 到 4D Tensor 的轉換 '''
training_images = torch.stack(images)
# 現在 training_images 中應該有 8 張 3×128×128 的影像
print(training_images.shape)   # torch.Size([8, 3, 128, 128])
```

2.6 訓練一個擴散模型

訓練完成後，可以直接使用得到的模型生成影像，如程式清單 2-15 所示。

➜ 程式清單 2-15

```
sampled_images = diffusion.sample(batch_size = 4)
```

由於此時的模型只訓練了一步，模型的輸出是純粹的雜訊圖。

理解基本流程後，我們使用真實資料進行一次訓練。以 oxford-flowers 資料集為例，先使用以下命令安裝 datasets 工具套件：

```
pip install datasets
```

使用程式清單 2-16 下載資料集，並將資料集中所有的影像單獨儲存為 PNG 格式，以方便查看，全部處理完成後可得到大概 8000 張影像。讀者也可以在 Hugging Face 上挑選其他可下載的影像資料集。

➜ 程式清單 2-16

```
from PIL import Image
from io import BytesIO
from datasets import load_dataset
import os
from tqdm import tqdm

dataset = load_dataset("nelorth/oxford-flowers")

# 建立一個用於儲存影像的資料夾
images_dir = "./oxford-datasets/raw-images"
os.makedirs(images_dir, exist_ok=True)

# 針對 oxford-flowers，遍歷並儲存所有影像，整個過程持續 15 min 左右
for split in dataset.keys():
    for index, item in enumerate(tqdm(dataset[split])):
        image = item['image']
        image.save(os.path.join(images_dir, f"{split}_image_{index}.png"))
```

第 2 章　影像生成模型：GAN 和擴散模型

oxford-flowers 資料集包含的影像是不同花的影像，本節的目標便是從零開始訓練一個擴散模型，這個模型可以從雜訊出發，逐步去除雜訊得到一朵花的影像。

至此已經完成了模型訓練的準備工作，接下來進行模型訓練，其過程如程式清單 2-17 所示。在實際訓練過程中，可以根據圖形處理單元（Graphics Processing Unit，GPU）情況調整訓練的 batchsize（批次大小）。在深度學習中，批次大小是一個基本而重要的概念，它指的是每次訓練過程中同時處理的資料樣本數量。簡而言之，就是每次輸入模型多少張影像讓它學習。想像這樣的場景，擴散模型就像一位正在學習繪畫的藝術家。如果 `train_batch_size` 是 1，那麼每次只給這位藝術家一張影像來學習；如果 `train_batch_size` 是 10，那麼每次就有 10 張影像供這位藝術家學習。`train_batch_size` 增大通常會使模型的學習過程更穩定，但也會使用更多的運算資源，如 GPU 儲存空間。

➜ 程式清單 2-17

```
import torch
from denoising_diffusion_pytorch import UNet, GaussianDiffusion, Trainer

model = UNet(
    dim = 64,
    dim_mults = (1, 2, 4, 8)
).cuda()

diffusion = GaussianDiffusion(
    model,
    image_size = 128,
    timesteps = 1000    # 總加入雜訊步數
).cuda()

trainer = Trainer(
    diffusion,
    './oxford-datasets/raw-images',
    train_batch_size = 16,
    train_lr = 2e-5,
```

```
    train_num_steps = 30000,            # 總共訓練 30000 步
    gradient_accumulate_every = 2,      # 梯度累積步數
    ema_decay = 0.995,                  # 指數滑動平均衰退參數
    amp = True,                         # 使用混合精度訓練加速
    calculate_fid = False,              # 關閉 FID 評測指標計算，FID 用於評測生成品質
    save_and_sample_every = 5000        # 每隔 5000 步儲存一次模型權重
)

trainer.train()
```

對於有 16 GB 顯示記憶體的 V100 GPU，整個訓練過程要持續 3～4 h。在整個訓練過程中，每間隔 5000 步會儲存一次模型權重，並利用當前權重進行影像的生成。圖 2-19 所示為訓練步數為 5000 和 30000 的擴散模型生成效果。

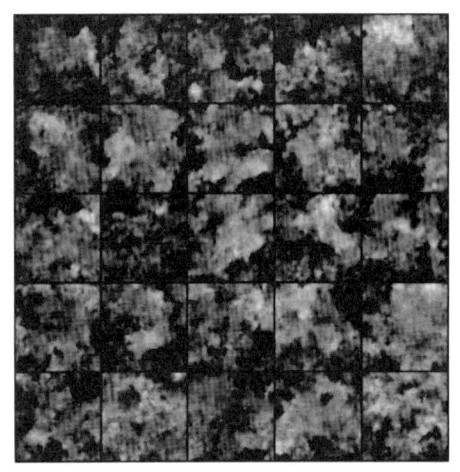

訓練 5000 步的生成效果　　　　　訓練 30000 步的生成效果

▲ 圖 2-19　不同訓練步數下擴散模型的影像生成能力對比

可以看到，隨著訓練步數的增加，模型的影像生成能力在逐漸變強。

2.6.2 深入擴散模型：訂製藝術

與 denoising_diffusion_pytorch 函數庫的高度封裝不同，diffusers 函數庫允許開發者深入模型的每個環節，實現個性化的調整和最佳化。使用以下命令安裝 diffusers 函數庫：

```
pip install diffusers
```

同樣使用 oxford-flowers 資料集進行訓練，與 denoising_diffusion_pytorch 訓練模式不同，在 diffusers 訓練模式下，我們不需要將資料集轉為本地影像格式，直接使用 datasets 函數庫載入資料集即可，如程式清單 2-18 所示。

→ 程式清單 2-18

```
import torch
from datasets import load_dataset

# 載入資料集
config.dataset_name = "nelorth/oxford-flowers"
dataset = load_dataset(config.dataset_name, split="train")

# 將資料集封裝成訓練用的格式
train_dataloader = torch.utils.data.DataLoader(dataset,
                    batch_size=config.train_batch_size, shuffle=True)
```

為了提升模型的性能，可以對影像資料進行資料增廣，如程式清單 2-19 所示。資料增廣就是對影像資料進行一些隨機左右翻轉、隨機顏色擾動等操作，目的是增強影像資料的多樣性。這種技巧在深度學習中很常見。

→ 程式清單 2-19

```
from torchvision import transforms

preprocess = transforms.Compose(
    [
        transforms.Resize((config.image_size, config.image_size)),
```

```
        transforms.RandomHorizontalFlip(),
        transforms.ToTensor(),
        transforms.Normalize([0.5], [0.5]),
    ]
)
```

接下來實現 U-Net 模型，如程式清單 2-20 所示。程式中指定了 U-Net 模型的輸入影像和輸出影像的尺寸為 128px×128px，讀者可以根據生成的目標影像的尺寸指定輸入影像和輸出影像的尺寸。

➔ 程式清單 2-20

```
from diffusers import UNet2DModel
model = UNet2DModel(
    sample_size=128,  # 目標影像的解析度
    in_channels=3,    # 輸入通道的數量，對於 RGB 影像，此值為 3
    out_channels=3,   # 輸出通道的數量
    layers_per_block=2,  # 每個 U-Net 模型中使用的 ResNet 層的數量
    block_out_channels=(128, 128, 256, 256, 512, 512),  # 每個 U-Net 模型的輸出通道的數量
    down_block_types=(
        "DownBlock2D",  # 常規的 ResNet 下採樣模組
        "DownBlock2D",
        "DownBlock2D",
        "DownBlock2D",
        "AttnDownBlock2D",  # 具有空間自注意力機制的 ResNet 下採樣模組
        "DownBlock2D",
    ),
    up_block_types=(
        "UpBlock2D",  # 常規的 ResNet 上採樣模組
        "AttnUpBlock2D",  # 具有空間自注意力機制的 ResNet 上採樣模組
        "UpBlock2D",
        "UpBlock2D",
        "UpBlock2D",
        "UpBlock2D"
    ),
)
```

可以看到，使用 diffusers 建立 U-Net 模型的步驟比使用 denoising_diffusion_pytorch 建立 U-Net 模型的步驟複雜很多，使用 diffusers 的好處是給工程師帶來了更高的靈活性。在這段程式中，除了 2.4 節介紹的 U-Net 模型，還包含具有空間自注意力機制的下採樣、上採樣模組。引入注意力機制可以讓影像的特徵圖進行充分融合。這部分細節可以暫時忽略，3.3 節會展開探討注意力機制的實現原理。

處理完成資料集和 U-Net 模型後，接下來進入模型訓練環節。式（2.2）提到，擴散模型訓練時可以透過一次計算得到第 t 步的加入雜訊結果，這個過程可以透過程式清單 2-21 實現。

→ 程式清單 2-21

```
from diffusers import DDPMScheduler

noise_scheduler = DDPMScheduler(num_train_timesteps=1000)

# 一次加入雜訊的計算
noise = torch.randn(sample_image.shape)
timesteps = torch.LongTensor([50])
noisy_image = noise_scheduler.add_noise(sample_image, noise, timesteps)
```

接著透過模型預測雜訊，並計算損失函數，如程式清單 2-22 所示。

→ 程式清單 2-22

```
import torch.nn.functional as F
noise_pred = model(noisy_image, timesteps).sample
loss = F.mse_loss(noise_pred, noise)
```

最後將各個模組串聯，便可以得到程式清單 2-23 所示的基於 diffusers 函數庫訓練擴散模型的核心程式。

➜ 程式清單 2-23

```
for epoch in range(num_epochs):
    for step, batch in enumerate(train_dataloader):
        clean_images = batch['images']
        # 對應擴散模型訓練過程：隨機採樣雜訊
        noise = torch.randn(clean_images.shape).to(clean_images.device)
        bs = clean_images.shape[0]

        # 對應擴散模型訓練過程：對 batch 中的每張影像，隨機選取時間步 t
        timesteps = torch.randint(0, noise_scheduler.num_train_timesteps, (bs,),
                    device=clean_images.device).long()

        # 對應擴散模型訓練過程：一次計算加入雜訊結果
        noisy_images = noise_scheduler.add_noise(clean_images, noise, timesteps)

        with accelerator.accumulate(model):
            # 對應擴散模型訓練過程：預測雜訊並計算損失函數
            noise_pred = model(noisy_images, timesteps, return_dict=False)[0]
            loss = F.mse_loss(noise_pred, noise)
            accelerator.backward(loss)
            optimizer.step()
```

2.7 小結

　　從 VAE、GAN，到基於流的模型、擴散模型，再到自迴歸模型，本章首先介紹了每代影像生成模型。然後聚焦於「舊畫師」GAN 和「新畫師」擴散模型的技術細節，透過深入分析 GAN 及其變種（如 DCGAN、cGAN、wGAN、Pix2Pix），幫助讀者建立對影像生成應用及其技術挑戰的認知；擴散模型作為較新的技術，具有獨特的加入雜訊和去除雜訊機制、訓練與推理過程，本章透過將其與傳統 GAN 進行比較，展示了其在影像生成領域的優勢。

對擴散模型來說，雜訊預測模型和採樣器是核心模組。因此，本章詳細介紹了 U-Net 模型的結構細節和程式實現，並以 DDPM 採樣器為例揭示了採樣器背後的數學原理，以及如何選擇合適的採樣器，以提升影像生成的品質和效率。最後，本章透過 denoising_diffusion_pytorch 函數庫和 diffusers 函數庫兩種方式，從零開始完成了一個擴散模型的訓練。

3

Stable Diffusion 的核心技術

2022 年 8 月，Stability AI 公司正式開放原始碼了 Stable Diffusion 模型。隨後，開放原始碼社區出現了多樣化的影像生成模型，同時，以影像生成為主要業務的創業公司也如雨後春筍般湧現。如果第 2 章討論的擴散模型代表的是一項技術，本章要討論的 Stable Diffusion 則代表一系列具體的模型。

本章聚焦 Stable Diffusion 模型的技術原理與實現，主要討論以下 4 個問題。

- Stable Diffusion 的關鍵模組 VAE 背後的技術原理是什麼？
- Stable Diffusion 的關鍵模組 CLIP 如何連接圖文模態？
- 自注意力、交叉注意力機制的基本原理是什麼？
- 從擴散模型到 Stable Diffusion 是如何演化的？

第 3 章　Stable Diffusion 的核心技術

3.1 影像的「壓縮器」VAE

原始擴散模型的加入雜訊、去除雜訊過程是在影像空間完成的，例如希望生成 512px×512px 的影像，每步加入或去除的雜訊也是相同的尺寸。這樣的處理方式雖然直觀，但伴隨著一些限制和挑戰。以生成高解析度影像為例，直接在影像空間操作表示需要處理大量的像素資訊，不僅提高了計算的複雜性，還可能導致生成過程中出現細節遺失和效率下降的情況。

在 Stable Diffusion 中，所有的去除雜訊和加入雜訊過程並不是在影像空間完成的，而是選擇了一個特殊空間來完成。VAE 模型的作用便是將影像「壓縮」到特殊空間，這個空間是一個更為抽象和壓縮的表示形式，它能夠捕捉到資料的核心特徵，而非簡單的像素值。之後，VAE 還能便捷地將影像從特殊空間「解壓」到影像空間。由於這個特殊空間的「解析度」低於影像空間的「解析度」，可以在特殊空間內快速完成加入雜訊和去除雜訊的任務，使得生成高解析度的影像變得更可行。

透過引入 VAE 模型，Stable Diffusion 不僅繼承了傳統擴散模型的強大能力，還擁有了更強的靈活性和創造性，在 AIGC 領域成為一種更為強大和具有創新性的工具。接下來，本節將深入探討 VAE 的技術原理，以及它是如何在 Stable Diffusion 中發揮關鍵作用的。

3.1.1 從 AE 到 VAE

VAE 在 2013 年被提出，它是自編碼器（Autoencoder，AE）的一種擴充。除了 VAE，去除雜訊自編碼器（Denoising Autoencoder，DAE）、遮罩自編碼器（Masked Autoencoder，MAE）、向量量化變分自編碼器（Vector Quantised-Variational Autoencoder，VQ-VAE）等都是 AE 的擴充，它們的結構中都包含一個編碼器和一個解碼器。

3.1 影像的「壓縮器」VAE

無論是最初的 AE，還是後來提出的 DAE、VAE，都希望編碼器將原始資料編碼成潛在表示，並且這個潛在表示可以透過解碼器近乎無損地恢復出原始資料。這裡的原始資料，可以是影像、文字等多種模態的資料。使用 AE 壓縮和恢復影像的過程，如圖 3-1 所示。

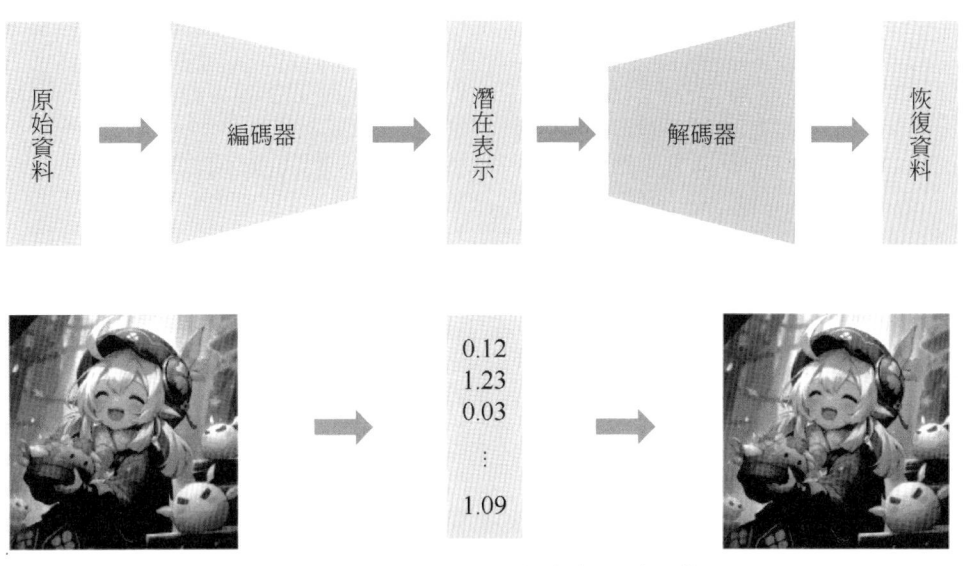

▲ 圖 3-1 使用 AE 對影像進行壓縮和恢復

對基於擴散模型技術的影像生成任務，潛在空間的維度通常是原始影像尺寸的 1/8。舉例來說，原始影像的尺寸如果是 512px×512px，潛在空間的維度是 64×64。在維度是 64×64 的潛在空間內進行加入雜訊和去除雜訊，自然比在高維度的影像空間內進行加入雜訊和去除雜訊快得多。對於得到的去除雜訊後的潛在表示，只需要使用解碼器對其進行處理便可以獲得最終輸出影像。

VAE 是從 AE 演化而來的。AE 使用無監督的方式進行訓練，以影像生成任務為例，使用大量的影像資料，依次經過編碼器和解碼器壓縮和恢復影像，訓練目標是最小化恢復資料與原始資料之間的誤差。實際操作中，損失函數可以是 L1 損失或 L2 損失。程式清單 3-1 所示為 AE 的訓練過程。

第 3 章　Stable Diffusion 的核心技術

➔ 程式清單 3-1

```
for epoch in range(epochs):
    for batch in dataset_loader.get_batches(training_data, batch_size):

        # 清零梯度
        optimizer.zero_grad()

        # 將本批次數據傳遞給 AE
        encoded_data = autoencoder.encode(batch)
        reconstructed_data = autoencoder.decode(encoded_data)

        # 計算損失,例如使用 L2 損失
        loss = loss_function(reconstructed_data, batch)

        # 反向傳播
        loss.backward()

        # 更新參數
        optimizer.step()
```

因為損失函數的計算只依賴於輸入資料本身,而不涉及任何標籤或類別資訊,所以 AE 是經典的無監督學習範式。AE 雖然可以對資料降維,但其存在以下兩個明顯缺點。

- 缺點 1:潛在表示缺乏直接的約束,其在潛在空間中是一個個孤立的點。如果對於輸入影像的潛在表示稍加擾動,例如加入一個標準高斯雜訊,解碼器便會輸出無意義的影像。

- 缺點 2:潛在表示難以解釋和編輯。例如想得到「半月」影像的潛在表示,但現在只有「滿月」和「新月」影像,那麼我們自然就會覺得,「滿月」和「新月」的中間狀態應該是「半月」狀態,而「滿月」和「新月」影像對應的潛在表示分別是潛在空間中的點。如果對這兩個點取平均值,也就是對潛在表示進行插值操作,是不是就會得到一個新的潛在表示,用於代表「半月」影像的資訊?接著把這個新的潛在表示給解碼器,是不是就可以輸出「半月」影像了?從邏輯推導上看,這樣的思考似乎沒問題,但將插值後的潛在表示給 AE 的解碼器後會發現,甚至無法得到一張有意義的影像。

針對缺點 1,DAE 的改進方式就是在輸入資料中加入雜訊,使得到的潛在表示具有更強的堅固性,訓練目標仍然是最小化恢復資料與加入雜訊前的原始資料之間的誤差。DAE 的訓練過程如程式清單 3-2 所示。DAE 只是改進了 AE 的表現,並沒有徹底解決 AE 的根本缺陷。

→ 程式清單 3-2

```python
# 加入雜訊函數
def add_noise(data, factor):
    noise = factor * np.random.normal(size=data.shape)
    noisy_data = data + noise
    return noisy_data.clip(0, 1)

# 開始訓練迴圈
for epoch in range(epochs):
    for batch in dataset_loader.get_batches(training_data, batch_size):

        # 給本批次數據加入雜訊
        noisy_batch = add_noise(batch, noise_factor)

        # 清零梯度
        optimizer.zero_grad()

        # 將帶雜訊的本批次數據傳遞給 DAE
        encoded_data = denoising_autoencoder.encode(noisy_batch)
        reconstructed_data = denoising_autoencoder.decode(encoded_data)

        # 計算損失
        loss = loss_function(reconstructed_data, batch)

        # 反向傳播
        loss.backward()
```

```python
# 更新參數
optimizer.step()
```

真正克服 AE 的兩大明顯缺點的工作就是 VAE。在 VAE 中，編碼器的輸出不再是潛在表示，而是某種已知機率分佈的參數，例如高斯分佈的平均值 μ 和對數方差 σ^2。根據平均值、方差和一個高斯雜訊 $\varepsilon \sim N(0, I)$，便可以根據式 (3.1) 計算最終的潛在表示，並將其輸入解碼器。

$$z = \mu + \sigma \times \varepsilon \qquad (3.1)$$

VAE 計算潛在表示的過程使用的便是大名鼎鼎的重參數化 (Reparameterization) 技巧，它可以解決梯度不能直接透過隨機採樣操作進行傳播的問題。具體來說，VAE 的編碼器輸出高斯分佈的平均值和方差，然後隨機採樣的雜訊和這兩個參數按照式 (3.1) 的方式得到潛在空間中的點。這樣做的好處是，儘管 ε 的採樣過程是隨機的且不可導的，但是 μ 和 σ 是由神經網路生成的，因此梯度可以透過這些參數反向傳播回神經網路，從而實現網路參數的最佳化。對於 VAE 壓縮和恢復影像的過程，可以回顧圖 2-1。

那麼，VAE 訓練的目標函數是什麼呢？除了應包含 AE 中的重構資料與原始資料之間的誤差，還需要對平均值 μ 和方差 σ^2 進行約束，希望預測的分佈趨近於標準高斯分佈。

VAE 的訓練過程，如程式清單 3-3 所示。

→ 程式清單 3-3

```python
# 定義損失函數
def loss_function(reconstructed_data, original_data, mean, log_variance):
    reconstruction_loss = mean_squared_error(reconstructed_data, original_data)
    kl_loss = -0.5 * torch.sum(1 + log_variance - mean.pow(2) - log_variance.exp())
    total_loss = reconstruction_loss + kl_loss
    return total_loss

# 定義最佳化器（如梯度下降最佳化器）
```

3.1 影像的「壓縮器」VAE

```
optimizer = optimizer.Adam(variational_autoencoder.parameters(), lr=learning_rate)

# 開始訓練迴圈
for epoch in range(epochs):
    for batch in dataset_loader.get_batches(training_data, batch_size):

        # 清零梯度
        optimizer.zero_grad()

        # 將本批次數據傳遞給 VAE
        mean, log_variance = variational_autoencoder.encode(batch)

        # 重參數化技巧
        z = mean + torch.exp(log_variance * 0.5) * torch.randn_like(log_variance)

        # 解碼
        reconstructed_data = variational_autoencoder.decode(z)

        # 計算損失
        loss = loss_function(reconstructed_data, batch, mean, log_variance)

        # 反向傳播
        loss.backward()

        # 更新參數
        optimizer.step()
```

可以看到，程式中同時使用了重構損失和 KL 散度（Kullback-Leibler Divergence）損失來訓練 VAE。透過這種方式，VAE 不僅能夠學習有效地編碼輸入資料，還能確保其生成的新資料在品質上是可接受的。

KL 散度是一種衡量兩個機率分佈差異的方法。具體來說，如果我們有兩個機率分佈 P 和 Q，KL 散度衡量的是使用 Q 來近似 P 時資訊損失的程度。在數學上，KL 散度的定義為式（3.2）：

$$D_{\mathrm{KL}}(P \| Q) = \sum_{x \in \mathbb{R}} P(x) \ln\left(\frac{P(x)}{Q(x)}\right) \tag{3.2}$$

其中，$P(x)$ 是真實分佈，在 VAE 訓練任務中便是編碼器預測的潛在空間分佈，由平均值 $\pmb{\mu}$ 和方差 $\pmb{\sigma}^2$ 表示。$Q(x)$ 是近似分佈，在 VAE 訓練任務中為標準高斯分佈。

標準高斯分佈 $N(\pmb{0},\pmb{I})$ 和 VAE 預測的分佈 $N(\pmb{\mu},\pmb{\sigma}^2)$ 之間的 KL 散度公式如式（3.3）所示：

$$D_{\mathrm{KL}}(N(\pmb{\mu},\pmb{\sigma}^2) \| N(\pmb{0},\pmb{I})) = \int_{-\infty}^{\infty} p(\pmb{x}) \ln\left(\frac{p(\pmb{x})}{q(\pmb{x})}\right) \mathrm{d}\pmb{x} \tag{3.3}$$

其中，$p(\pmb{x})$ 是 $N(\pmb{\mu},\pmb{\sigma}^2)$ 的機率密度函數，即：

$$p(\pmb{x}) = \frac{1}{\sqrt{2\pi\pmb{\sigma}^2}} \mathrm{e}^{-\frac{(x-\pmb{\mu})^2}{2\pmb{\sigma}^2}} \tag{3.4}$$

而 $q(\pmb{x})$ 是標準高斯分佈 $N(\pmb{0},\pmb{I})$ 的機率密度函數，即：

$$q(\pmb{x}) = \frac{1}{\sqrt{2\pi}} \mathrm{e}^{-\frac{x^2}{2}} \tag{3.5}$$

將式（3.4）和式（3.5）代入式（3.3）並化簡，可以得到式（3.6）：

$$D_{\mathrm{KL}}(N(\pmb{\mu},\pmb{\sigma}^2) \| N(\pmb{0},\pmb{I})) = \frac{1}{2}(\pmb{\sigma}^2 + \pmb{\mu}^2 - 1 - \ln \pmb{\sigma}^2) \tag{3.6}$$

其中，$D_{\mathrm{KL}}(N(\pmb{\mu},\pmb{\sigma}^2) \| N(\pmb{0},\pmb{I}))$ 對應程式清單 3-3 中的 `kl_loss`。

透過這樣的訓練方式，VAE 的潛在空間是連續的且有意義的，這表示相近的點在潛在空間中應該被解碼成在視覺上相似的影像。VAE 技術在很多領域獲得了成功應用，它作為生成模型，可以用於影像生成、餐廳評論機器人等場景；作為特徵提取模型，可以用於擴散模型的加速、聚類分析和異常檢測等場景。

3.1.2 影像插值生成

VAE 不僅可以有效地壓縮和恢復影像，它得到的潛在表示還可以進行插值編輯。程式清單 3-4 首先讀取了兩張不同月相的影像，然後使用 VAE 對這兩張影像分別提取潛在表示，並將潛在表示透過 VAE 解碼器恢復成影像。圖 3-2 所示為原始影像與 VAE 恢復影像的對比。

→ 程式清單 3-4

```python
from PIL import Image
import numpy as np
import torch
from diffusers import AutoencoderKL

device = 'cuda'

# 載入 VAE 模型
vae = AutoencoderKL.from_pretrained(
    'CompVis/stable-diffusion-v1-4', subfolder='vae')
vae = vae.to(device)

pths = ["test_imgs/new.png", "test_imgs/full.png"]
for pth in pths:
    img = Image.open(pth).convert('RGB')
    img = img.resize((512, 512))
    img_latents = encode_img_latents(img) # 編碼，img_latents 的維度是 [1,4,64,64]
    dec_img = decode_img_latents(img_latents)[0] #解碼
```

直觀上看，VAE 幾乎 100% 恢復了影像。在程式清單 3-4 中，潛在表示（對應變數 `img_latents`）的「長寬」只有原始影像的 1/8（原始影像經縮放處理後分辨為 512px×512px，潛在表示的解析度為 64px×64px），可見 VAE 編碼器對原始資料的壓縮能力很強。

▲ （a）「新月」原始影像（左）與 VAE 恢復影像（右）

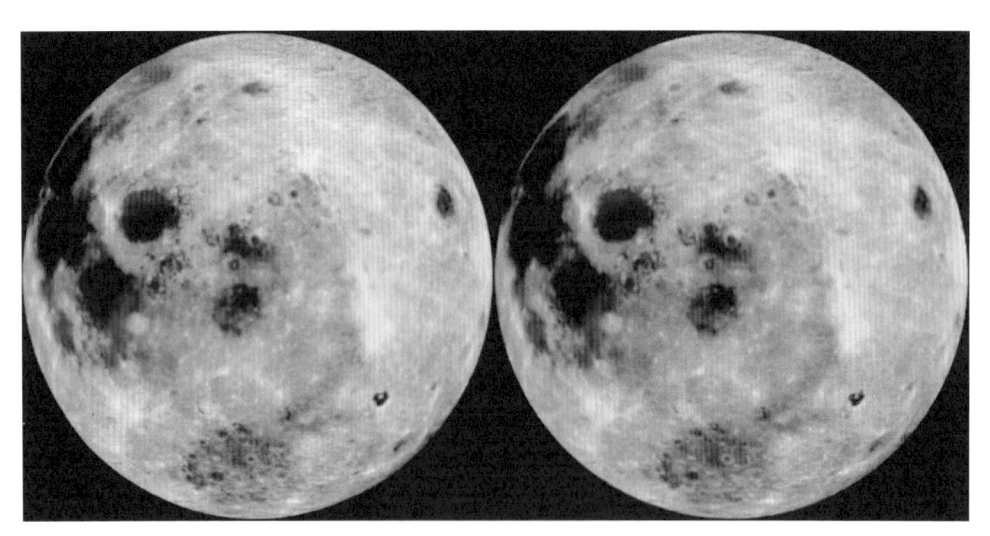

▲ （b）「滿月」原始影像（左）與 VEA 恢復影像（右）

▲ 圖 3-2　原始影像與 VAE 恢復影像的對比

3.1 影像的「壓縮器」VAE

程式清單 3-5 將「新月」影像和「滿月」影像的潛在表示進行數值上的插值處理，並將插值後的潛在表示經過 VAE 解碼器處理為影像，如圖 3-3 所示。

→ 程式清單 3-5

```
num_steps = 4 # 插值得到中間的 2 張影像
interpolation_weight = np.linspace(0, 1, num_steps)
for weight in interpolation_weight:
    interval_latents = (1 - weight) * all_img_latents[0] + \
                       weight * all_img_latents[1]
    dec_img = decode_img_latents(interval_latents)[0]
```

▲ 圖 3-3 使用 VAE 在潛在空間上進行插值處理

可以看到，插值的結果是在視覺上合理的影像。這個例子便表現了 VAE 作為影像生成模型的能力。

同樣，如果使用一系列「二次元」圖示訓練 VAE，透過使用 VAE 在潛在空間上進行插值處理，便可以生成全新的「二次元」圖示效果。這種方法可以用於各種影像生成任務，特別適用於需要平滑過渡或探索新影像可能性的任務。

3.1.3 訓練「餐廳評論機器人」

VAE 可以用於自然語言處理任務，例如用於帶情感傾向的評論生成等任務。假設有一個餐廳評論資料集（包含正面評論和負面評論），可以使用時序模型（區別於處理影像的卷積神經網路），如循環神經網路（Recurrent Neural Network，RNN）、長短期記憶（Long Short-Term Memory，LSTM）、Transformer 等，設計 VAE 的編碼器，得到潛在表示，然後把潛在表示與特定情感資訊（如正面評論或負面評論）一起傳遞至解碼器進行訓練。

訓練完成後，便獲得了一個能夠控制情感傾向的餐廳評論生成模型。其中，訓練用的資料，可以考慮用 ChatGPT 生成。訓練「餐廳評論機器人」的程式如程式清單 3-6 所示。

➜ 程式清單 3-6

```
# 匯入所需的函數庫
import torch
from torch import nn
from torch.nn import functional as F

# 定義 VAE 模型
class SentimentVAE(nn.Module):
    def __init__(self, input_dim, hidden_dim, latent_dim, sentiment_dim):
        super(SentimentVAE, self).__init__()

        # 對於編碼器，可以使用 RNN、LSTM 和 Transformer 等時序模型進行設計
        self.encoder = nn.LSTM(input_dim, hidden_dim)

        # 將編碼器的輸出轉為潛在空間的平均值和方差
        self.fc_mu = nn.Linear(hidden_dim, latent_dim)
        self.fc_var = nn.Linear(hidden_dim, latent_dim)

        # 解碼器
        self.decoder = nn.LSTM(latent_dim + sentiment_dim, hidden_dim)

        # 最後的全連接層
```

```python
        self.fc_output = nn.Linear(hidden_dim, input_dim)

    def reparameterize(self, mu, log_var):
        std = torch.exp(0.5*log_var)
        eps = torch.randn_like(std)
        return mu + eps*std

    def forward(self, x, sentiment):
        # 編碼器
        hidden, _ = self.encoder(x)

        # 得到潛在空間的平均值和方差
        mu, log_var = self.fc_mu(hidden), self.fc_var(hidden)

        # 重參數化技巧
        z = self.reparameterize(mu, log_var)

        # 將潛在表示和情感資訊拼接
        z = torch.cat((z, sentiment), dim=1)

        # 解碼器
        out, _ = self.decoder(z)
        out = self.fc_output(out)

        return out, mu, log_var
```

3.1.4 VAE 和擴散模型

既然原始的擴散模型在原始影像上進行加入雜訊、去除雜訊操作非常耗時，並且 VAE 具備良好的壓縮、恢復能力，為什麼不在 VAE 的潛在空間進行加入雜訊、去除雜訊操作呢？事實上，Stable Diffusion 就是這樣做的。將 VAE 的潛在空間用於擴散模型的方案，如圖 3-4 所示。

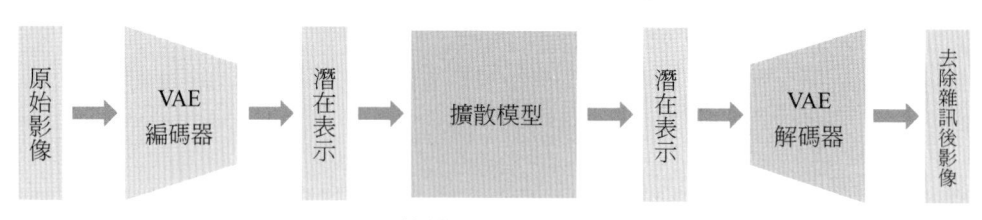

原始影像 → VAE 編碼器 → 潛在表示 → 擴散模型 → 潛在表示 → VAE 解碼器 → 去除雜訊後影像

▲ 圖 3-4 將擴散模型與 VAE 相結合

實際使用中 VAE 是經過預訓練的，訓練和微調擴散模型並不會改變 VAE 的模型權重，但這並不表示 VAE 對影像品質沒有影響。VAE 代表了以 Stable Diffusion 為代表的「潛在空間」擴散模型的生成品質上限。根據「新月」影像和「滿月」影像生成「半月」影像的例子，看似表明了 VAE 的影像恢復能力較強，可以幾乎無損地恢復影像，但如果面對更複雜的場景，VAE 恢復的影像會存在明顯的瑕疵，例如影像中包含複雜的紋理資訊、影像中包含較小的人臉區域等場景。

這很容易理解，因為輸入影像經過 VAE 編碼器後，尺寸通常會降低到原來的 1/8。512px×512px 的影像的潛在表示只有 64px×64px。在如此小的潛在表示上恢復人臉細節確實是一項挑戰。所以，當 Stable Diffusion 模型出現生成小臉影像效果不佳的問題時，很可能是因為 VAE 解碼器本身無法恢復高畫質的小臉影像。

如何解決這個問題呢？最直接的方法之一是，用更高品質的影像訓練 VAE，或提高 VAE 潛在表示的尺寸。

3.2 讓模型「聽話」的 CLIP

最初的擴散模型只能從雜訊出發生成一張影像，這個過程類似於「開盲盒」。如何讓擴散模型「聽懂」使用者的文字描述呢？最常用的方法之一是引入一個文字編碼器，將文字描述的特徵「注入」U-Net 模型。

本節要討論的 CLIP 模型就是「文生圖」常用的工具，它可以用來理解使用者給模型的文字描述，並將文字描述編碼為模型能理解的「語言」。

3.2.1 連接兩種模態

CLIP 模型的初衷並不是幫助 AI 影像生成模型理解文字描述，而是用於連接影像和文字這兩種模態。如今，隨著 AIGC 技術的爆發，CLIP 模型在多模態生成模型（如 Stable Diffusion）、多模態理解模型（如 GPT-4V）等模型上發揮了巨大作用。

在自然語言處理領域，早在 2020 年，OpenAI 便已經發佈了 GPT-3 技術，證明了使用巨量網際網路資料得到的預訓練模型可以用於各種文字模態的任務，例如文字分類、機器翻譯、文字情感分析、文字問答等，GPT-3 的工作直接衍生出後來備受歡迎的 ChatGPT。

那時在電腦視覺領域裡，最常見的訓練模式之一還是使用各種各樣既定任務的資料集，透過標注員的標注獲得訓練樣本，再針對特定任務來訓練。例如我們熟知的影像分類資料集 ImageNet-21k，就包括 2 萬多個類別和超過 1400 萬個影像樣本。影像模態的任務成千上萬，催生了各式各樣的資料集，如用於影像分類、影像物件辨識、影像分割、影像生成等的資料集。不過，在每個資料集上訓練得到的模型通常只能完成特定的任務，無法推廣到其他任務。

將 GPT-3 的經驗遷移到影像領域，使用巨量網際網路資料訓練一個大型模型，以便能夠同時極佳地支援各種影像模態的任務，如影像分類、文字辨識和視訊理解等，這就是 CLIP 模型的目的。要達成這個目的，有兩個關鍵問題需要解決，一是如何利用巨量的網際網路資料，二是如何訓練一個這樣的模型。

第 3 章　Stable Diffusion 的核心技術

為了解決如何利用巨量的網際網路資料的問題，OpenAI 選定了 50 萬筆不同的查詢請求，從網際網路上獲取了 4 億個影像 - 文字對，其來源包括 Google 等搜尋引擎和推特等垂直領域的社區。這些資料不需要人工標注，例如在任意搜尋引擎中搜索的影像都會附帶文字描述。影像附帶的文字描述與影像具有較強的語義一致性，影像 - 文字對應得比較好。這種連結資訊就是用於訓練的監督訊號。

網際網路中存在已經標注好的圖文資料集，而且其資料量每天還在高速增加。此外，使用網際網路資料的另一個優勢是它具有很好的多樣性，包含各種各樣的影像內容，因此訓練得到的模型自然就可以遷移到各種各樣的場景。在 CLIP 模型被提出的 2021 年，4 億個影像 - 文字對是一個很大的資料集。技術發展到今天，用於訓練各種多模態模型的資料量早已突破 10 億大關，例如人們常說的 LAION-5B 資料集，它包括 58.5 億個影像 - 文字對。

巨量的影像 - 文字對成為我們要用的監督訊號，現在還需要解決第二個問題—這些資料如何用於模型訓練？

CLIP 透過巧妙的設計利用了影像模態和文字模態的對應關係。CLIP 分別建構了一個影像編碼器和一個文字編碼器，將影像及其文字描述映射到一個特徵空間，例如可以映射到維度為 512 的特徵空間。簡而言之，一張影像或一個文字描述，經過映射都變成 512 個浮點數。

此時，需要設計一個監督訊號，利用影像 - 文字對的關係，驅動兩個編碼器學習如何有效地提取特徵。實現這些操作的想法是對比學習。具體來說，可以計算影像特徵向量和文字特徵向量之間的餘弦距離，餘弦距離的範圍是 $-1 \sim 1$，餘弦距離越大表示兩個向量越接近。CLIP 的訓練目標是讓對應的影像、文字特徵向量接近，也就是餘弦距離越大越好，讓不對應的影像、文字特徵向量遠離，也就是餘弦距離盡可能小。CLIP 影像編碼器和文字編碼器透過對比學習進行模型訓練的過程，如圖 3-5 所示。

3.2 讓模型「聽話」的 CLIP

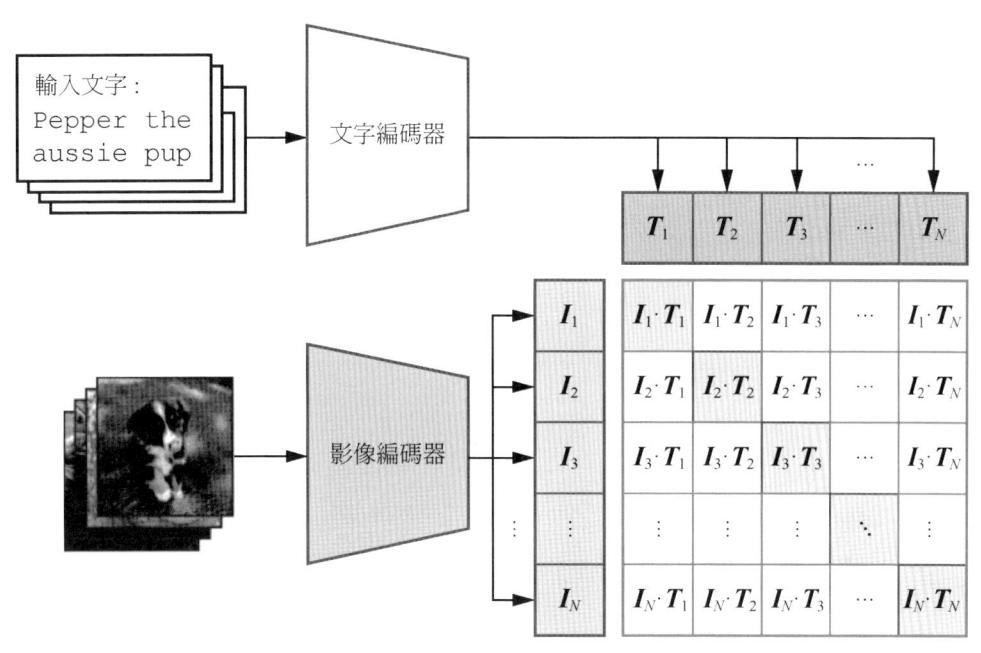

▲ 圖 3-5 CLIP 影像編碼器和文字編碼器的訓練過程

CLIP 訓練過程可以分為提取特徵、映射和歸一化、計算距離，以及計算損失。

（1）使用影像編碼器提取影像特徵，使用文字編碼器提取文字特徵（分別對應程式清單 3-7 中的 `I_f` 和 `T_f`）。

（2）分別引入一個線性映射（分別對應程式清單 3-7 中的 `W_i` 和 `W_t`），將影像特徵和文字特徵分別映射到共同的多模態空間；然後將映射後的特徵向量分別進行歸一化，歸一化後的特徵向量的平方和等於 1。

（3）計算這批圖文歸一化特徵向量兩兩之間的餘弦距離，然後乘一個與溫度係數相關的數值項。這裡的溫度係數是一個可學習的參數。

（4）透過交叉熵損失函數計算損失。

CLIP 訓練過程的程式如程式清單 3-7 所示。

→ **程式清單 3-7**

```
# image_encoder：影像編碼器，可以使用 ResNet 或 Vision Transformer 結構
# text_encoder: 文字編碼器，可以使用 CBOW（Continuous Bag of Words）或 Text Transformer
結構
# I[n, h, w, c]：一個訓練批次的影像
# T[n, l]：一個訓練批次的對應文字描述
# W_i[d_i, d_e]：可學習的影像特徵映射
# W_t[d_t, d_e]：可學習的文字特徵映射
# t：一個可學習的溫度係數

# 步驟 1：提取影像模態和文字模態的特徵
I_f = image_encoder(I) #[n, d_i]
T_f = text_encoder(T) #[n, d_t]

# 步驟 2：將影像特徵和文字特徵分別映射到共同的多模態空間 [n, d_e]
# 同時，對這兩個多模態特徵向量進行歸一化
I_e = l2_normalize(np.dot(I_f, W_i), axis=1)
T_e = l2_normalize(np.dot(T_f, W_t), axis=1)

# 步驟 3：計算餘弦距離 [n, n]
logits = np.dot(I_e, T_e.T) * np.exp(t)

# 步驟 4：計算損失
labels = np.arange(n)
loss_i = cross_entropy_loss(logits, labels, axis=0)
loss_t = cross_entropy_loss(logits, labels, axis=1)
loss = (loss_i + loss_t)/2
```

3.2.2 跨模態檢索

影像領域中最常見的下游任務之一便是影像分類任務。經典的影像分類任務通常需要使用人工標注的標籤資料來訓練，訓練完成後只能區分訓練時限定的類別。CLIP 是使用 4 億個影像 - 文字對樣本訓練的圖文匹配模型，擁有巨量的知識，可以透過跨模態檢索的方式進行分類。具體來說，可以設計以下文字描述範本：

```
A photo of a 'class'
```

其中，`class` 可以是 ImageNet 的既定類別，也可以是使用者自訂的目標類別。假設有 1000 個既定類別，重複使用上面的文字描述範本，可以得到 1000 個不同的文字描述。這 1000 個文字描述經過預訓練的文字編碼器處理後，便獲得了 1000 個文字特徵；對於輸入影像，經過預訓練的影像編碼器處理後可以得到 1 個影像特徵。

將 1 個影像特徵和 1000 個文字特徵線性映射、歸一化後計算餘弦距離，餘弦距離最大的文字描述對應的類別便是 CLIP 模型預測的類別。在分類過程中，並沒有針對 CLIP 影像編碼器和文字編碼器在資料集上進行微調，這種預測方式也被稱為零樣本（Zero-Shot）預測。同時，預測目標類別使用的方案並不是經典的影像分類方案，它更像影像檢索方案，其檢索的方式可以稱為跨模態檢索。影像檢索方案的擴充性要強於影像分類方案，例如上面這個任務的候選類別是可以隨意設計的。使用 CLIP 模型透過跨模態檢索將影像分類的過程，如圖 3-6 所示。

(1) 對比式預訓練

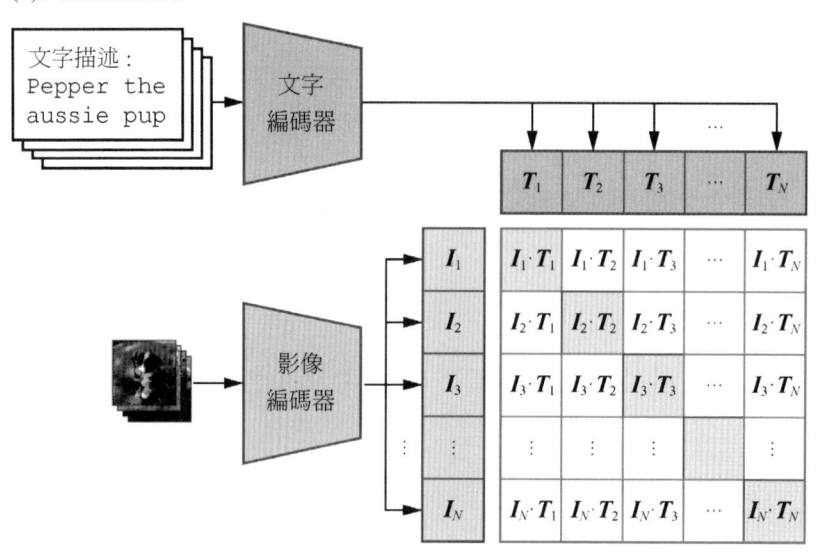

文字描述:
Pepper the
aussie pup
→ 文字編碼器 → T_1 | T_2 | T_3 | ... | T_N

影像編碼器 →
	T_1	T_2	T_3	...	T_N
I_1	$I_1 \cdot T_1$	$I_1 \cdot T_2$	$I_1 \cdot T_3$	...	$I_1 \cdot T_N$
I_2	$I_2 \cdot T_1$	$I_2 \cdot T_2$	$I_2 \cdot T_3$	...	$I_2 \cdot T_N$
I_3	$I_3 \cdot T_1$	$I_3 \cdot T_2$	$I_3 \cdot T_3$	...	$I_3 \cdot T_N$
⋮	⋮	⋮	⋮	⋱	⋮
I_N	$I_N \cdot T_1$	$I_N \cdot T_2$	$I_N \cdot T_3$	...	$I_N \cdot T_N$

(2) 根據資料集標籤補全文本描述

plane
car
dog
⋮
bird
→ 文字描述:
A photo of
a{object}
→ 文字編碼器 → T_1 | T_2 | T_3 | ... | T_N

(3) 進行零樣本預測

影像編碼器 → I_1 | $I_1 \cdot T_1$ | $I_1 \cdot T_2$ | $I_1 \cdot T_3$ | ... | $I_1 \cdot T_N$

文字描述:
A photo of
a dog

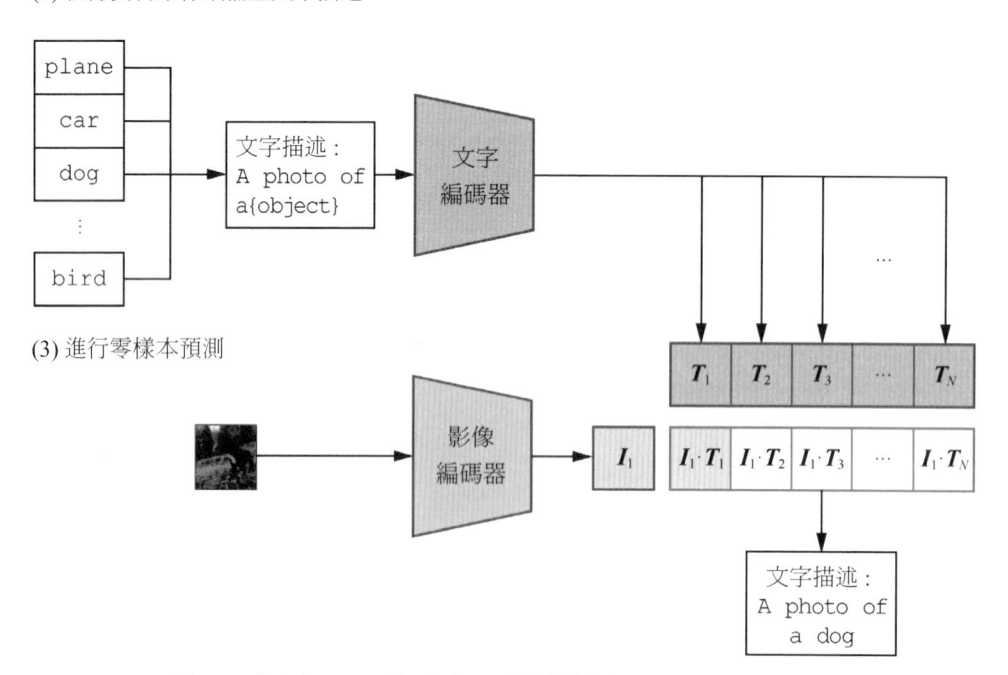

▲ 圖 3-6 使用 CLIP 模型透過跨模態檢索的方式進行影像分類

3.2 讓模型「聽話」的 CLIP

再以人臉辨識為例，如果把人臉辨識當作影像分類任務，那麼每次系統中輸入一張新的人臉影像，都需要將分類類別數加 1，然後重新訓練模型；如果將人臉辨識建模為影像檢索任務，只需要像 CLIP 一樣，對每張人臉影像提取一個特徵，然後透過跨模態檢索的方式進行身份定位即可，這樣就不需要重新訓練模型了。

要使用 OpenAI 訓練的 CLIP 影像編碼器和文字編碼器，先要安裝相應 CLIP 函數庫。程式清單 3-8 的功能為使用 CLIP 模型透過跨模態檢索的方式進行影像分類。

➜ 程式清單 3-8

```
import torch
import clip
from PIL import Image
import urllib.request
import matplotlib.pyplot as plt

# 載入 CLIP 預訓練模型
device = "cuda" if torch.cuda.is_available() else "cpu"
model, preprocess = clip.load("ViT-B/32", device=device)

# 定義目標類別
target_classes = ["cat", "dog"]

# 載入影像並對影像進行前置處理
image_url = " http://www.***.com/test"
image_path = "test_image.png"
urllib.request.urlretrieve(image_url, image_path)
image = Image.open(image_path).convert("RGB")
image_input = preprocess(image).unsqueeze(0).to(device)

# 使用 CLIP 影像編碼器對影像進行編碼
with torch.no_grad():
    image_features = model.encode_image(image_input)

# 使用 CLIP 文字編碼器對文字描述進行編碼
```

```
text_inputs = clip.tokenize(target_classes).to(device)
with torch.no_grad():
    text_features = model.encode_text(text_inputs)

# 計算影像特徵向量和文字特徵向量的相似度分數
similarity_scores = (100.0 * image_features @ text_features.T).softmax(dim=-1)

# 獲取相似度分數最大的文字特徵向量，確定分類類別
_, predicted_class = similarity_scores.max(dim=-1)
predicted_class = predicted_class.item()

# 列印預測的類別
predicted_label = target_classes[predicted_class]

plt.imshow(image)
plt.show()
print(f"Predicted class: {predicted_label}")
print(f"prob: cat {similarity_scores[0][0]}, dog {similarity_scores[0][1]}")
```

3.2.3 其他 CLIP 模型

OpenAI 只開放原始碼了 CLIP 模型的權重，並沒有開放原始碼對應的 4 億個影像 - 文字對。後來的學者便開始複現 OpenAI 的工作，代表性的工作包括 OpenCLIP 和 Chinese CLIP。

OpenCLIP 基於 LAION 公司收集的 4 億個開放原始碼影像 - 文字對資料訓練而成，相當於對 OpenAI 的 CLIP 模型的複現。目前，OpenCLIP 模型使用的資料集 LAION-5B 是公開的，程式庫 OpenCLIP 是開放原始碼的。

使用 OpenCLIP 模型前，需要安裝對應的函數庫。可以使用以下命令安裝 open_clip_torch 函數庫。

```
pip install open_clip_torch
```

3.2 讓模型「聽話」的 CLIP

同樣針對柯基犬影像,透過程式清單 3-9 的方式分別提取影像特徵和文字特徵。這裡提供了 3 個類別選項:圖表、狗和貓。

➜ 程式清單 3-9

```
import torch
from PIL import Image
import open_clip
import urllib.request
import matplotlib.pyplot as plt

# 載入 OpenCLIP 預訓練模型
model, _, preprocess = open_clip.create_model_and_transforms('ViT-B-32',
pretrained='laion2b_s34b_b79k')
tokenizer = open_clip.get_tokenizer('ViT-B-32')

# 載入影像並對影像進行前置處理
image_url = " http://www.***.com/test"
image_path = "test_image.png"
urllib.request.urlretrieve(image_url, image_path)
image = Image.open(image_path).convert("RGB")
image = preprocess(image).unsqueeze(0)

# 定義目標類別
text = tokenizer(["a diagram", "a dog", "a cat"])

with torch.no_grad(), torch.cuda.amp.autocast():
    # 使用 CLIP 影像編碼器對影像進行編碼
    image_features = model.encode_image(image)
    # 使用 CLIP 文字編碼器對文字描述進行編碼
    text_features = model.encode_text(text)
    image_features /= image_features.norm(dim=-1, keepdim=True)
    text_features /= text_features.norm(dim=-1, keepdim=True)
    # 計算影像特徵向量和文字特徵向量的相似度分數
    text_probs = (100.0 * image_features @ text_features.T).softmax(dim=-1)

plt.imshow(Image.open(image_path))
plt.show()
```

```
# 列印預測的類別
print(f"prob: a diagram {text_probs[0][0]}, a dog {text_probs[0][1]}, a cat {text_probs[0][2]}")
```

執行程式清單 3-9，輸出分類結果如圖 3-7 所示。可以看到，OpenCLIP 模型將輸入的柯基犬影像中的內容預測為狗的機率高於 99.9%。

```
prob: a diagram 2.101487734762486e-05, a dog 0.9999570846557617, a cat 2.1905763787799515e-05
```

▲ 圖 3-7 使用 OpenCLIP 模型得到的影像分類結果

在使用「文生圖」功能時經常會涉及中文輸入的問題。由於 CLIP 和 OpenCLIP 模型主要基於英文資料，無法有效理解中文的文字描述，影像生成效果大打折扣。Chinese CLIP 補全了 CLIP 模型對中文文字描述理解能力不足的缺陷，這個模型使用大約 2 億個中文影像 - 文字對資料進行訓練，可以幫助影像生成模型更進一步地理解中文的文字描述。

3.2.4 CLIP 和擴散模型

在文字驅動的影像生成模型（如 DALL·E 2 和 Stable Diffusion）中，CLIP 文字編碼器用於提取文字特徵。這些特徵隨後被用來指導影像生成的過程，它們通常有以下兩種發揮作用的方式。

（1）將 CLIP 的文字特徵作為影像生成過程的初始條件，幫助 U-Net 模型在開始時就朝著生成與文字描述匹配的影像方向發展，其代表技術為 DALL·E 2，4.1 節將對其展開說明。

（2）在 U-Net 模型的不同層次，以某種方式將文字特徵作為資訊注入，達到逐步調整和細化影像的目的，其代表技術為 Stable Diffusion，整體方案如圖 3-8 所示。

3.3 交叉注意力機制

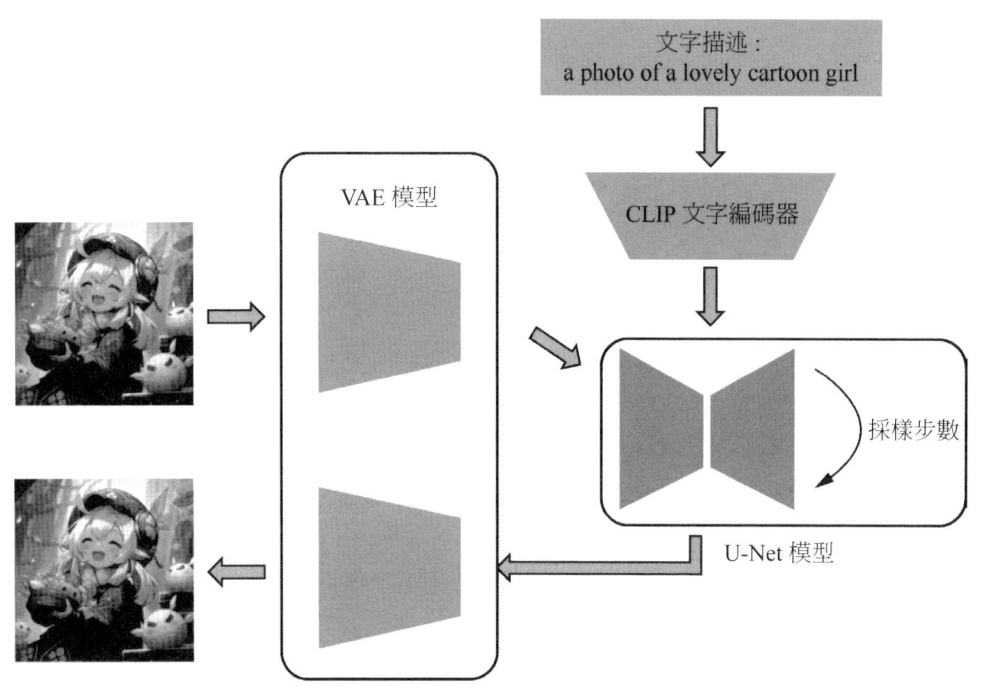

▲ 圖 3-8 Stable Diffusion 中的文字特徵注入

那麼，在以 Stable Diffusion 為代表的「文生圖」模型中，CLIP 的文字特徵是如何作用於 U-Net 模型的？這便引出 3.3 節要介紹的交叉注意力機制。

3.3 交叉注意力機制

讀者可能聽過許多不同類型的注意力機制，例如自注意力（Self-Attention）、交叉注意力（Cross Attention）、單向注意力（Unidirectional Attention）、雙向注意力（Bidirectional Attention）、因果注意力（Causal Attention）、多頭注意力（Multi-Head Attention）、編碼器 - 解碼器注意力（Encoder-Decoder Attention）等。注意力機制是一種概念或策略，各種模型中用到的注意力模組則是這種機制的具體網路結構實現。

我們所熟知的 GPT，全稱是 Generative Pre-Trained Transformer，可以看出 Transformer 結構在其中的重要作用。而在 Transformer 結構中，各種各樣的注意力模組是模型能夠捕捉細節特徵的關鍵所在。

在以 Stable Diffusion 為代表的影像生成模型中，文字特徵同樣透過注意力機制實現對影像內容的控制。本節重點探討 Transformer 中的注意力機制。

3.3.1 序列、詞元和詞嵌入

正式介紹注意力機制前，我們要先掌握自然語言處理中的 4 個關鍵概念：詞元（Token）和詞嵌入（Word Embedding）、來源序列、目標序列。

詞元是文字序列中的最小單位，可以是單字、字元等形式。文字序列可以被拆分為一系列詞元。舉例來說，文字序列「Hello world」可以被拆分為詞元：["Hello", " world"]。詞元的詞彙表中包含所有可能的詞元，每個詞元預先被分配了唯一的數字識別碼，這個數字識別碼被稱為詞元標識（Token ID）。這裡將用於把一個文字序列拆分成詞元的模組稱為分詞器（Tokenizer）。

詞嵌入的目標是把每個詞元標識轉為固定長度的向量表示，這個向量被稱為詞嵌入向量。來源序列是輸入文字序列對應的詞嵌入向量，例如在機器翻譯任務中，來源序列代表待翻譯的文字序列；目標序列是輸出文字序列對應的詞嵌入向量，例如在機器翻譯任務中，目標序列代表翻譯後的文字序列，通常使用目的語言。

在自然語言處理領域，詞嵌入向量的獲取方式大致可以分為以下兩類。

- 靜態詞嵌入。靜態詞嵌入（如 Word2Vec 等）透過在大規模文字語料上預訓練，學習到每個詞元標識的向量表示，在使用時直接從預訓練好的詞嵌入向量字典中查詢即可。

- 動態詞嵌入。動態詞嵌入透過模型推理，給定輸入文字序列，模型計算過程考慮整個文字序列的上下文資訊，為每個詞元標識生成獨特的向量表示。

詞嵌入向量的兩類獲取方式各有優劣：靜態詞嵌入計算效率高，但是無法捕捉到詞元在不同上下文中的語義差異；動態詞嵌入能夠捕捉詞元在不同上下文中的語義差異，但是計算成本相對較高，尤其在處理長文字序列時。在 AI 影像生成任務和大型語言模型中，通常使用的是動態詞嵌入。程式清單 3-10 所示為輸入文字序列的動態詞嵌入過程。

→ 程式清單 3-10

```python
from transformers import AutoTokenizer, AutoModel
import torch

# 以 bert-base-uncased 為例
model_name = "bert-base-uncased"

# 載入預訓練模型及其分詞器
tokenizer = AutoTokenizer.from_pretrained(model_name)
model = AutoModel.from_pretrained(model_name)

# 範例文字序列
text = "Hello world"

# 使用分詞器處理文字序列，獲得詞元標識
inputs = tokenizer(text, return_tensors="pt", padding=True, truncation=True)
print(inputs["input_ids"])

# 獲取詞嵌入向量
with torch.no_grad():
    outputs = model(**inputs)          # 透過模型推理完成詞嵌入
    embeddings = outputs.last_hidden_state

print(embeddings.shape)
```

圖 3-9 展示了「Hello world」經過分詞器拆分成詞元標識，並透過詞嵌入轉為詞嵌入向量的過程。

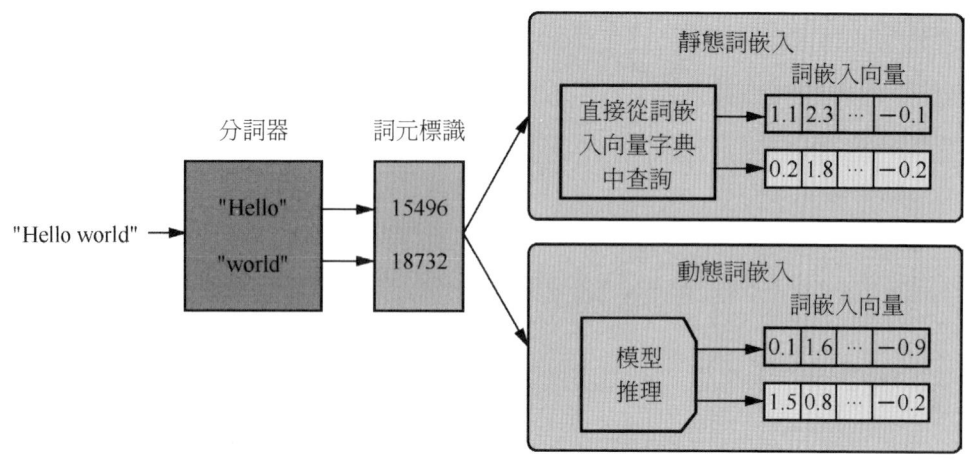

▲ 圖 3-9 文字序列轉為詞嵌入向量的過程

同樣，我們可以將一張影像轉為向量序列，如圖 3-10 所示。在這個例子中，影像被切分為 $N \times N$ 個切片（Patch），每個切片經過一次卷積計算便可以得到一維的影像特徵向量。

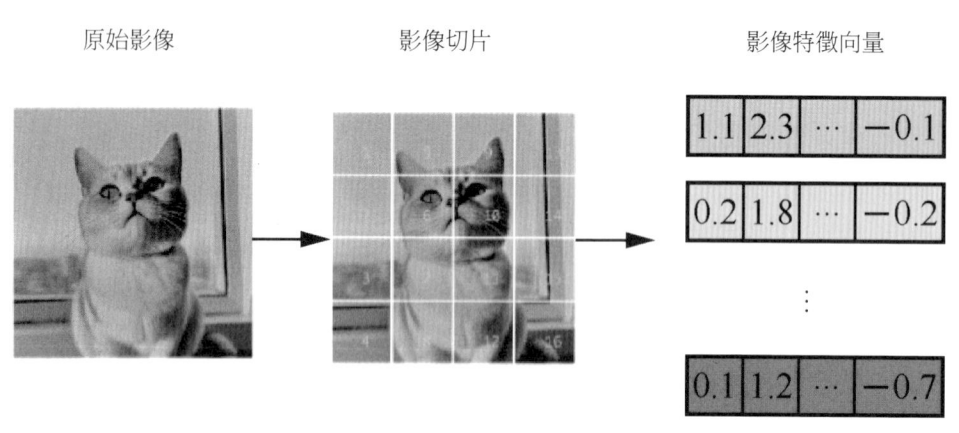

▲ 圖 3-10 將一張影像轉為向量序列的過程示意

3.3.2 自注意力與交叉注意力

自注意力，是指一個序列與自身之間的權重連結，自注意力機制的計算過程如圖 3-11 所示。

自注意力機制示意

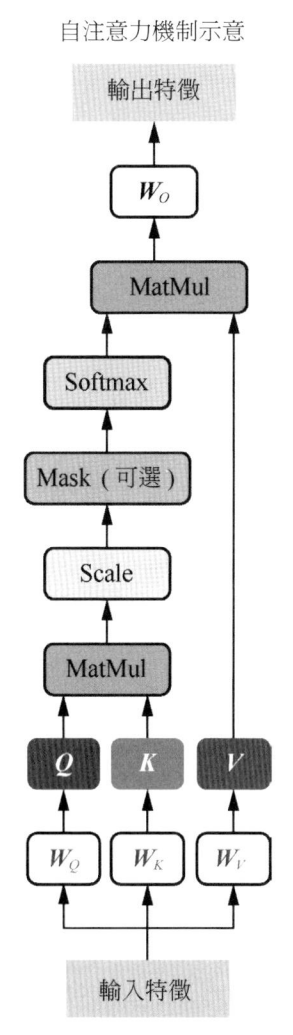

▲ 圖 3-11 自注意力機制的計算過程

具體來說，首先透過 3 個可學習的權重矩陣 W_Q、W_K 和 W_V 分別將輸入特徵映射成 3 個矩陣 Q、K、V，分別代表查詢矩陣、鍵矩陣和值矩陣。然後計算 Q 與 K 之間的特徵距離（對應圖 3-11 中的 MatMul 操作），得到的矩陣即為輸入特徵中所有元素之間的相似度分數矩陣（注意力分數）。之後將注意力分數除以一個固定值進行縮放（對應圖 3-11 中的 Scale 操作）。再透過對注意力分數進行歸一化處理（對應圖 3-11 中的 Softmax 操作）得到注意力權重。最後將注意力權重與矩陣 V 相乘，再透過一個可學習的權重矩陣 W_O 映射回輸入特徵的維度，得到輸出特徵。整個計算過程可以參考程式清單 3-11。

➔ 程式清單 3-11

```
# 從同一個輸入序列產生 Q、K 和 V 矩陣
Q = X * W_Q
K = X * W_K
V = X * W_V

# 計算矩陣 Q 和 K 之間的點積，得到注意力分數；縮放因數 Scale = sqrt(d_k)
Scaled_Dot_Product = (Q * K^T) / sqrt(d_k)

# 應用 Softmax 函數對注意力分數進行歸一化處理，獲得注意力權重
Attention_Weights = Softmax(Scaled_Dot_Product)

# 將注意力權重和矩陣 V 相乘，得到輸出特徵
Output = Attention_Weights * V * W_O
```

其中，輸入 X 和輸出 Output 的維度均為 N×d，W_Q 的維度是 d×d_q，W_K 的維度是 d×d_k，W_V 的維度是 d×d_v，W_O 的維度是 d_q×d。這裡有以下 3 個細節需要注意。

- 矩陣 Q 和 K 的維度是相同的，對應程式清單 3-11 中的 d_k，矩陣 V 的維度可以和矩陣 Q、K 的維度不同。

- 縮放因數 Scale 是對 d_k 開方的結果，在 Transformer 的相關論文中，d_k 的設定值為 64，因此 Scale 的設定值為 8。

- 圖 3-11 中被標記為可選的 Mask 模組的作用是遮罩部分注意力權重，限制模型關注特定範圍內的元素。不要輕視這個 Mask 模組，它便是將自注意力升級為單向注意力、雙向注意力、因果注意力的精髓所在。

理解了自注意力機制的計算過程，再學習交叉注意力機制的計算過程便相對簡單了。因為自注意力機制和交叉注意力機制的區別只在於一句話：自注意力機制的矩陣 Q、K 和 V 都源於同一輸入序列，而交叉注意力機制的矩陣 K、V 源自來源序列，矩陣 Q 源自目標序列，其他計算過程完全相同。

3.3.3 多頭注意力

多頭注意力機制是在 Transformer 的工作中被首次提出和使用的，它強化了編碼器和解碼器的能力，可以把它看作對自注意力機制的升級。

自注意力機制透過 3 個可學習的權重矩陣 W_Q、W_K 和 W_V 分別將輸入序列映射成 3 個矩陣 Q、K、V，而多頭注意力機制設計了多個獨立的注意力子空間平行計算，以捕捉和融合多種不同抽象層次的語義資訊。多頭注意力機制的計算過程如圖 3-12 所示，具體包括以下 3 步。

（1）將輸入序列使用各子空間內可學習的權重矩陣，如 W_Q^0、W_K^0 和 W_V^0，映射成對應子空間的 3 個矩陣，如 Q_0、K_0 和 V_0。

（2）在每個子空間內分別進行注意力機制的計算，得到子空間內的注意力矩陣，如 Z_0。

（3）將各子空間的注意力矩陣拼接起來，透過可學習的權重矩陣 W_O 映射成輸出序列 Z，該輸出序列與輸入序列具有相同的維度。

多頭注意力機制本質上把自注意力機制或交叉注意力機制重複了 N 次（多頭注意力的頭數，在圖 3-12 中重複了 8 次）。多頭注意力機制能夠充分利用不同注意力頭的特點和能力，更進一步地捕捉輸入序列中的不同類型資訊，並組合這些不同領域的知識。

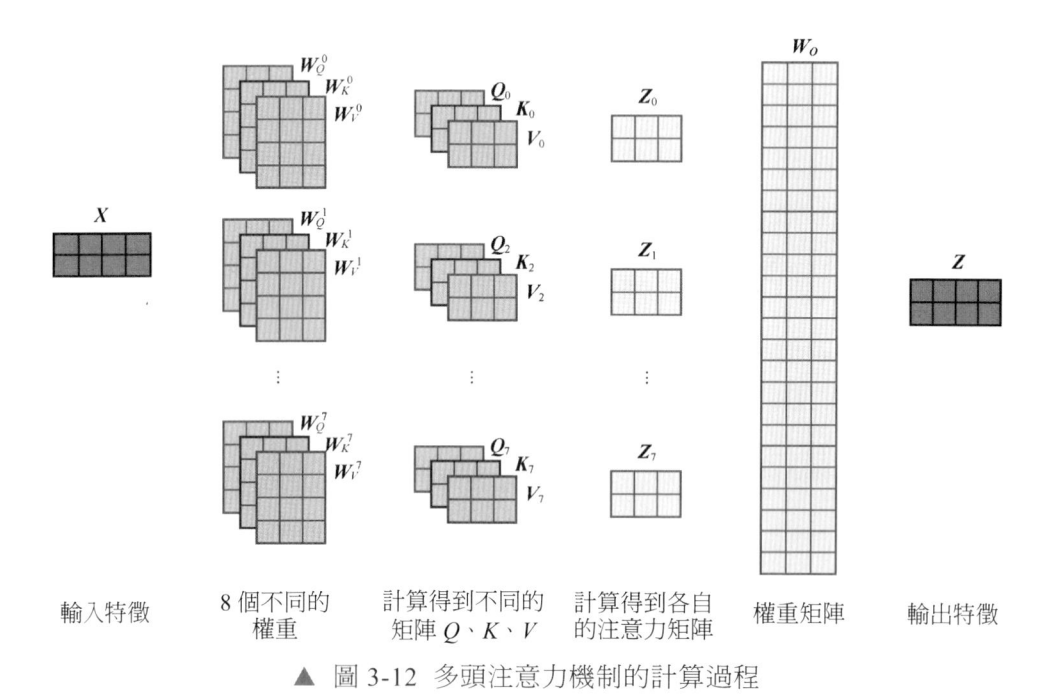

▲ 圖 3-12 多頭注意力機制的計算過程

類比來說，如果一個團隊中有 N 個成員，每個成員專注於解決輸入序列中不同類型的問題，將每個成員的結果組合起來，團隊就可以利用成員各自的專長和角度來獲取更全面和準確的資訊，從而提高整體的問題解決能力和知識表達能力。

在多頭注意力機制中，每個注意力頭都可以關注輸入序列的不同部分，並學習到不同的語義關係和特徵表示。舉例來說，一個頭關注詞法關係，另一個頭關注句法關係，還有一個頭關注長距離的依賴關係。透過將多個頭的結果進行組合，模型可以獲取更豐富和全面的資訊，從而提高對輸入序列的理解和表示能力。這種多頭結構能夠增加模型的表達能力和泛化能力，使其更適應複雜的任務和多樣化的資料。圖 3-13 所示為多頭注意力機制的簡化結構。

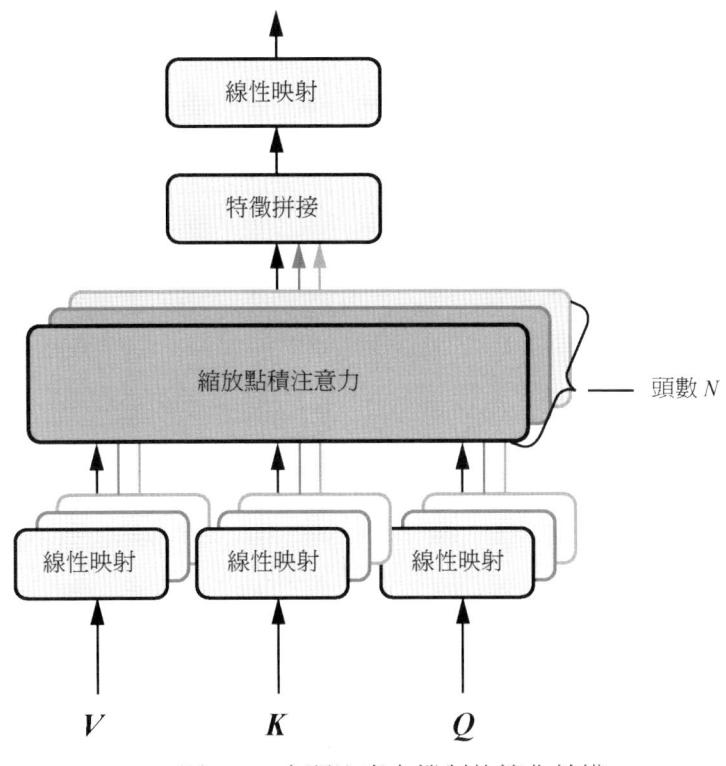

▲ 圖 3-13 多頭注意力機制的簡化結構

注意力機制通常作為一個子結構嵌入更大的模型（如 Transformer、U-Net 模型等）中，其作用是提供全域上下文資訊的感知能力。圖 3-14 是 Transformer 的完整結構，Transformer 由 6 層編碼器和 6 層解碼器組成。圖 3-15 是對 Transformer 中一層編碼器結構的簡化，圖 3-16 是對 Transformer 中一層解碼器結構的簡化。圖 3-14 和圖 3-15 中的前饋網路（Feed Forward Network，FFN）模組代表的是全連接層，殘差連接與層歸一化代表特徵相加後進行歸一化操作。可以看出，Transformer 本質上就是連續的注意力模組和全連接層的堆疊，編碼器中用到了多頭自注意力模組，而解碼器中用到了多頭自注意力模組和多頭交叉注意力模組。

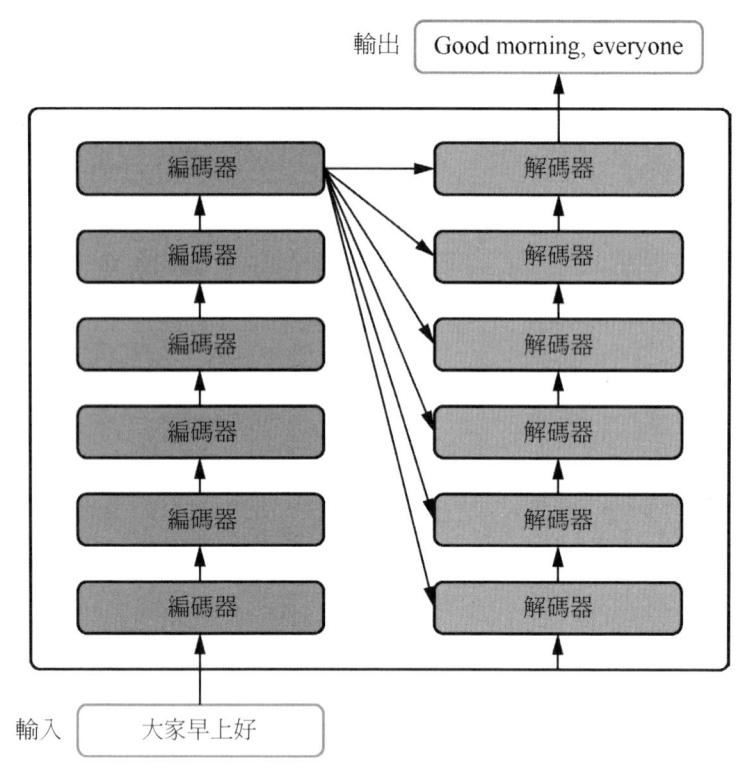

▲ 圖 3-14　Transformer 的 6 層編碼器和 6 層解碼器結構

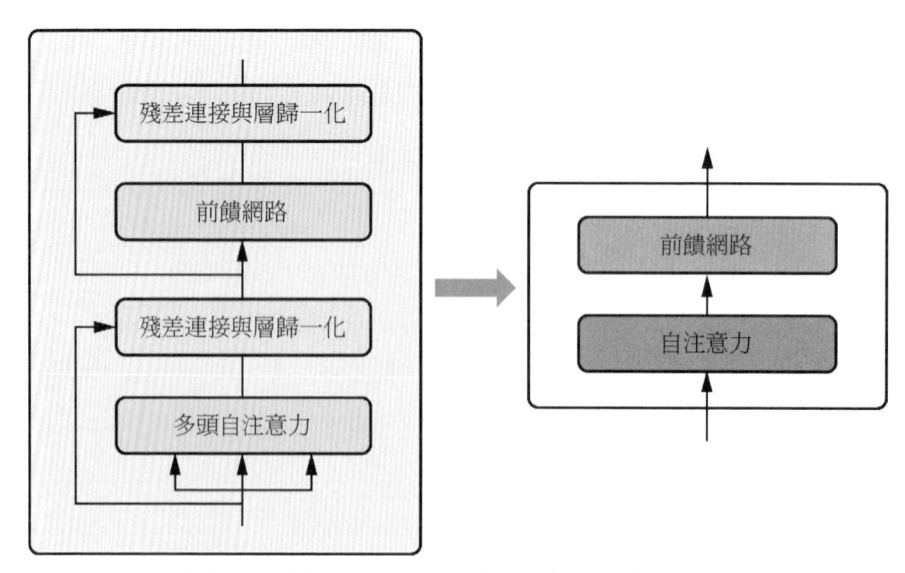

▲ 圖 3-15　對 Transformer 中一層編碼器結構的簡化

3.3 交叉注意力機制

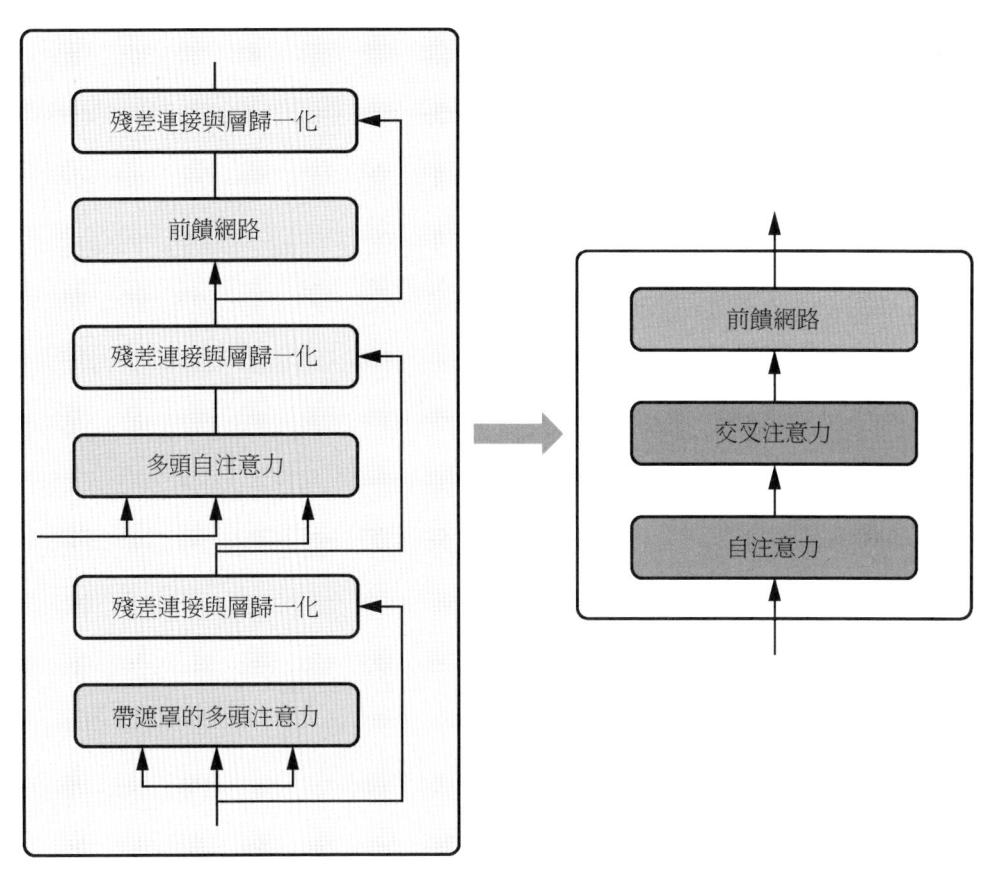

▲ 圖 3-16 對 Transformer 中一層解碼器結構的簡化

在「文生圖」任務中，CLIP 提取的文字特徵透過交叉注意力機制作用於 U-Net 模型。這種機制允許 U-Net 模型在生成影像的過程中，根據文字描述的上下文來調整影像的生成細節。具體來說，文字特徵經過 N 個 W_K、W_V 映射矩陣得到 K、V 序列（N 是多頭注意力的頭數），當前時間步的加入雜訊後影像的潛在表示在 U-Net 模型中以特徵圖的形式存在，經過 N 個映射矩陣 W_Q 得到 Q 序列。透過這種形式，文字特徵所包含的資訊便被整合到擴散模型生成影像的過程中。

程式清單 3-12 中提供了一個高度簡化的實現方式，幫助讀者理解 CLIP 文字特徵透過多頭交叉注意力模組作用於 U-Net 模型的過程。

程式清單 3-12

```python
import torch
import torch.nn as nn
import torch.nn.functional as F

class MultiHeadCrossAttention(nn.Module):
    def __init__(self, num_heads, d_model, d_key, d_value):
        super(MultiHeadCrossAttention, self).__init__()
        self.num_heads = num_heads
        self.d_key = d_key
        self.d_value = d_value

        self.W_q = nn.Linear(d_model, num_heads * d_key)
        self.W_k = nn.Linear(d_model, num_heads * d_key)
        self.W_v = nn.Linear(d_model, num_heads * d_value)

        self.fc = nn.Linear(num_heads * d_value, d_model)

    def forward(self, query, key, value):
        batch_size = query.size(0)

        # 線性映射得到 Q、K、V
        Q = self.W_q(query).view(batch_size, -1, self.num_heads, self.d_key)
        K = self.W_k(key).view(batch_size, -1, self.num_heads, self.d_key)
        V = self.W_v(value).view(batch_size, -1, self.num_heads, self.d_value)

        # 計算注意力分數，縮放後進行歸一化處理
        scores = torch.matmul(Q, K.transpose(-2, -1)) / torch.sqrt(self.d_key)
        attn = F.softmax(scores, dim=-1)
        context = torch.matmul(attn, V)

        # 拼接多頭注意力，然後經過線性映射得到輸出特徵
        context = context.transpose(1, 2).contiguous().view(batch_size, -1,
                    self.num_heads * self.d_value)
        output = self.fc(context)

        return output

# 假設參數
```

```
num_heads = 8
d_model = 512    # 模型的維度
d_key = 64       # 矩陣和查詢矩陣的維度
d_value = 64     # 值矩陣的維度

# 建立模型實例
cross_attention = MultiHeadCrossAttention(num_heads, d_model, d_key, d_value)

# 範例文字特徵和影像特徵（需要透過模型（如 CLIP 和 U-Net）獲取）
text_features = torch.rand(1, 10, d_model)   # (batch_size, seq_len, d_model)
image_features = torch.rand(1, 10, d_model)  # 假設影像特徵具有相同的形狀

# 應用交叉注意力
# 在這裡，影像特徵作為查詢矩陣，文字特徵作為鍵矩陣和值矩陣
output = cross_attention(image_features, text_features, text_features)
```

3.4 Stable Diffusion 是如何工作的

　　從最初開放原始碼的 Stable Diffusion 1.4/1.5 到 SDXL，Stable Diffusion 模型的每次升級都為開發者提供了新工具。在 Hugging Face、Civitai 等社區，開發者基於 Stable Diffusion 訓練出大量風格迥異的基礎模型（Base Model）和 LoRA 模型，創作出許多精美的作品。關於 LoRA 模型，第 6 章會進行詳細說明。

　　3.1 ～ 3.3 節已經探討了 Stable Diffusion 的核心原理，例如 VAE、CLIP、U-Net、擴散模型、注意力機制、採樣器等。本節將串聯這些知識，用「顯微鏡」觀測 Stable Diffusion。

3.4.1 Stable Diffusion 的演化之路

在社交媒體或 Hugging Face 等社區上經常看到 Stable Diffusion 模型的各種版本。版本演化的本質，是技術路線的改變或訓練資料的最佳化。當前開放原始碼社區流行的 Stable Diffusion 模型有多個版本，例如 Stable Diffusion 1.4、Stable Diffusion 1.5、Stable Diffusion 2.0、Stable Diffusion 2.1、Stable Diffusion 影像變形（Stable Diffusion Reimagine）、SDXL 0.9、SDXL 1.0 等。從表面上看，這些模型讓人眼花繚亂，但其實各個模型之間存在著「親緣關係」。

圖 3-17 所示為 Stable Diffusion 1.x 的演化歷程（本圖將 Stable Diffusion 簡稱為 SD），圖 3-18 所示為 Stable Diffusion 2.x 到 SDXL 的演化歷程（本圖將 Stable Diffusion 簡稱為 SD）。

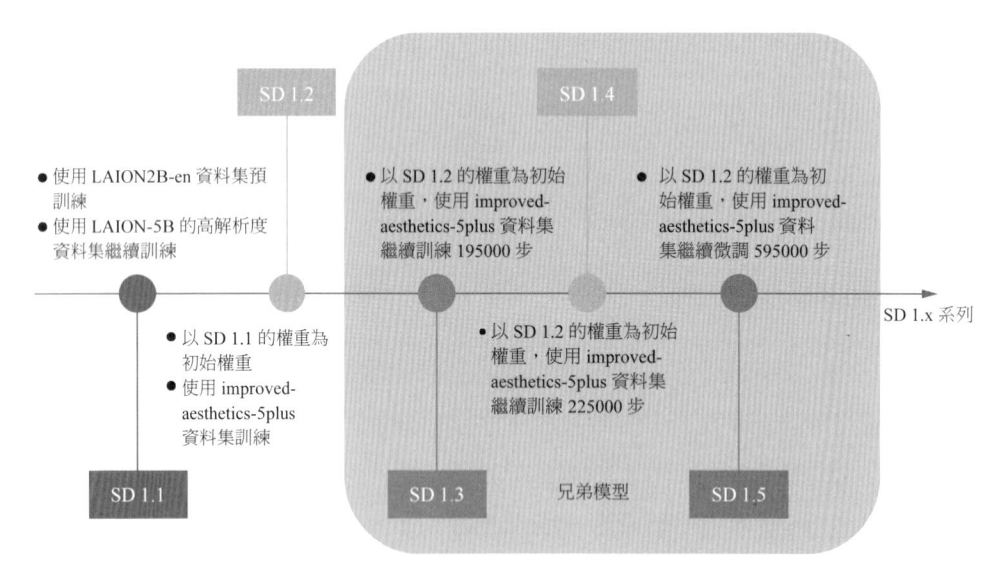

▲ 圖 3-17 Stable Diffusion 1.x 的演化歷程

3.4 Stable Diffusion 是如何工作的

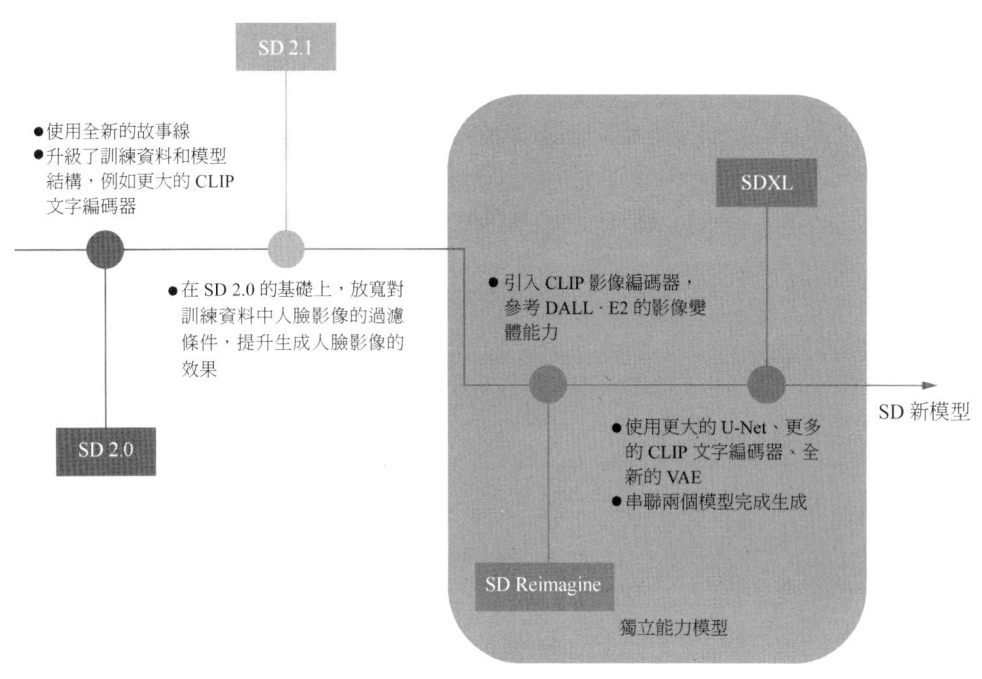

```
SD 2.1
● 使用全新的故事線
● 升級了訓練資料和模型
  結構，例如更大的 CLIP
  文字編碼器

                    SDXL
● 在 SD 2.0 的基礎上，放寬對
  訓練資料中人臉影像的過濾
  條件，提升生成人臉影像的
  效果
                    ● 引入 CLIP 影像編碼器，
                      參考 DALL · E2 的影像變
                      體能力

SD 2.0              ● 使用更大的 U-Net、更多
                      的 CLIP 文字編碼器、全
                      新的 VAE
                    ● 串聯兩個模型完成生成
                                              SD 新模型

                    SD Reimagine
                    獨立能力模型
```

▲ 圖 3-18 Stable Diffusion 2.x 到 SDXL 的演化歷程

仔細觀察圖 3-17、圖 3-18 可以發現，在 Stable Diffusion 的演化歷程中，最主要的變化之一就是模型結構和訓練資料的變化。Stable Diffusion 1.x 系列大多數是在 Stable Diffusion 1.2 的基礎上訓練得到的，包括使用最多的兩個模型 Stable Diffusion 1.4 和 Stable Diffusion 1.5；Stable Diffusion 2.x 系列則新開發了故事線，升級了模型結構。Stable Diffusion Reimagine 和 SDXL 模型則是 Stable Diffusion 系列的兩個獨立能力模型。

Hugging Face 和 Civitai 這兩個開放原始碼社區裡的絕大多數 AI 影像生成模型，都是基於上面這些 Stable Diffusion 模型在特定資料集上微調得到的。

3.4.2 潛在擴散模型

厘清了 Stable Diffusion 模型的演化歷程，再來討論 Stable Diffusion 背後的技術。Stable Diffusion 的技術方案—潛在擴散模型（Latent Diffusion Model）來自 2021 年底發表的論文「High-Resolution Image Synthesis with Latent Diffusion Models」。

原始擴散模型有兩個缺點：一是不能透過文字描述完成 AI 影像生成，而是從純雜訊圖出發，繪畫過程類似開盲盒；二是加入雜訊和去除雜訊的過程都在影像空間完成，使用高解析度資料訓練擴散模型，佔用的顯示記憶體較多。

潛在擴散模型的前身便是擴散模型，它一方面將擴散過程從影像空間轉移到了潛在空間，透過使用 VAE 壓縮和恢復影像，大大提高了速度和效率；另一方面利用 CLIP 等模型的文字編碼器，將文字描述轉為文字特徵，並透過交叉注意力機制將這些文字特徵融入影像空間中，最終實現「文生圖」。潛在擴散模型的技術方案如圖 3-19 所示。

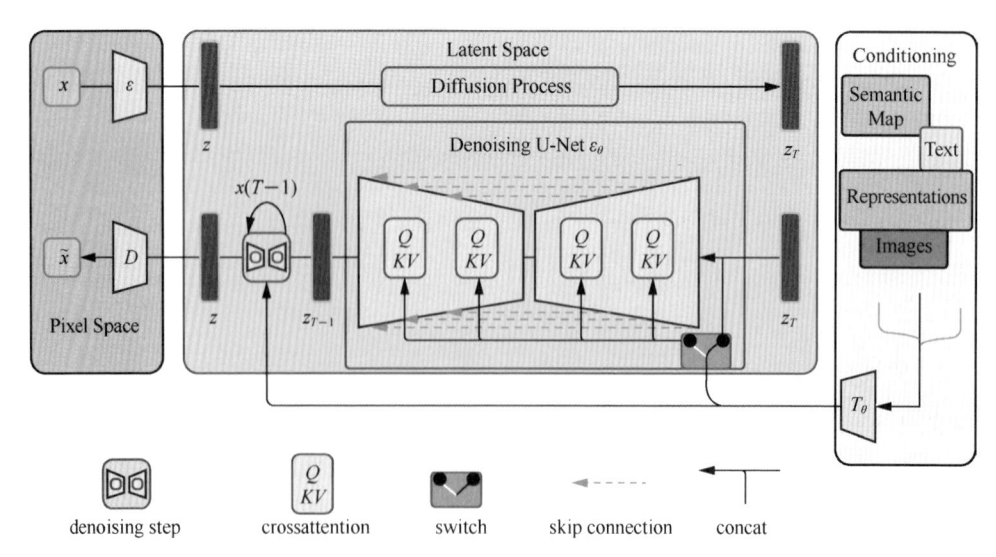

▲ 圖 3-19 潛在擴散模型的技術方案

3.4 Stable Diffusion 是如何工作的

圖 3-19 中，用於控制影像生成的條件包括文字描述、影像語義分割、真實影像等。控制條件經過各自特徵提取模型（圖 3-19 中的 T_θ）的處理得到特徵向量，透過與潛在表示 z_T 進行特徵拼接或直接透過交叉注意力機制作用於 U-Net 模型（對應圖 3-19 中的 switch 開關模組），從而實現對影像生成過程的控制。在 Stable Diffusion 的「文生圖」任務中，控制生成的條件為文字描述，經過 CLIP 文字編碼器得到文字特徵，然後透過交叉注意力機制作用於 U-Net 模型。因此對於 Stable Diffusion 模型，可以對圖 3-19 進行簡化，正如 3.2.4 節中曾分析過的圖 3-8 那樣。本質上，Stable Diffusion 模型由 3 個模組組成：VAE 模型、U-Net 模型和 CLIP 文字編碼器。

首先回顧圖 3-8 中的 CLIP 文字編碼器部分。使用者輸入的文字描述首先會經過分詞器得到詞元標識，然後透過「查字典」的方式獲得詞嵌入向量。這些詞嵌入向量經過 CLIP 文字編碼器得到作用於 U-Net 模型的文字特徵，整個過程如圖 3-20 所示。如果希望透過 CLIP 文字編碼器之外的其他條件控制影像生成，例如影像分割資訊或其他語言模型，只需要替換文字描述條件和 CLIP 文字編碼器部分即可。

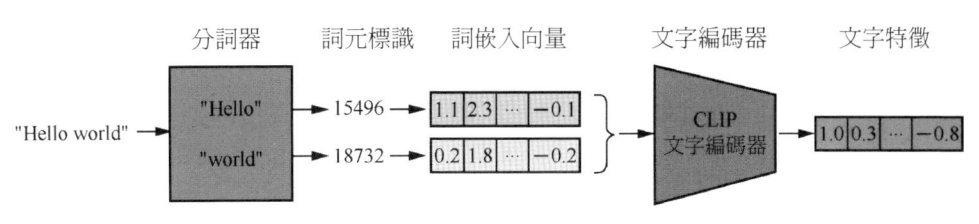

▲ 圖 3-20 從文字描述到文字特徵的處理過程

然後再看圖 3-8 中的 VAE 模型。VAE 可以將原始影像的解析度壓縮為原來的 1/8。Stable Diffusion 模型常用的潛在空間「解析度」為 64×64，解碼後得到的影像尺寸便是 512px×512px。所以，Stable Diffusion 模型能輕鬆生成 512px×512px 的影像。這能表現 Stable Diffusion 引入 VAE 模型實現高效計算的優勢。

將 Stable Diffusion 模型的整體想法串聯完成後，再分析 Stable Diffusion 模型的參數量，這樣就能對 Stable Diffusion 模型的參數量有一個整體認識。以我們熟悉的 Stable Diffusion 1.x 系列模型為例，VAE 模型的參數量為 0.084B、CLIP 文字編碼器的參數量為 0.123B、U-Net 模型的參數量為 0.86B，總參數量大概為 1B。顯然，Stable Diffusion 是一個參數量很大的模型，而且在「文生圖」的過程中，U-Net 模型要反覆多次預測雜訊。這便是 Stable Diffusion 模型生成速度慢的原因。

3.4.3 文字描述引導原理

在 Stable Diffusion 中，文字描述引導影像生成的過程採用了無分類器引導（Classifier Free Guidance）技術。了解清楚這個技術，首先需要理解有分類器引導（Classifier Guidance）的概念，以及它與無分類器引導的區別。

原始擴散模型從隨機雜訊出發，並不能用文字描述引導影像生成，於是 OpenAI 提出了有分類器引導技術。該技術的具體做法是，在加入雜訊後的資料上訓練一個影像分類器，例如使用 ImageNet 影像分類資料集，訓練模型（影像分類器）將影像分為 1000 個類別。在「文生圖」的過程中，每步去除雜訊都需要使用這個分類器計算梯度。程式清單 3-13 展示了在擴散模型訓練過程中引入影像分類器計算損失的過程。

➔ 程式清單 3-13

```
for epoch in range(num_epochs):
    for data in train_loader:
        optimizer.zero_grad()

        # 獲取輸入資料
        inputs, labels = data

        # 擴散模型預測雜訊
        predicted_noise = diffusion_model(inputs)
```

3.4 Stable Diffusion 是如何工作的

```
    # 根據擴散模型預測的雜訊預測損失，計算均方誤差數值
    mse_loss = mse_loss_fn(predicted_noise, true_noise)

    # 透過採樣器生成當前時間步去除雜訊後的影像
    generated_images = sampling_process(diffusion_model, inputs)

    # 計算分類損失，這裡的 classifier 是預訓練的影像分類器
    classifier_outputs = classifier(generated_images)
    classification_loss = classification_loss_fn(classifier_outputs, labels)

    # 綜合損失
    total_loss = mse_loss + classification_loss

    # 反向傳播和最佳化
    total_loss.backward()
    optimizer.step()

print(f"Epoch [{epoch+1}/{num_epochs}], Total Loss: {total_loss.item():.4f}")

print(" 訓練完成 ")
```

　　有分類器引導技術需要訓練額外的分類器，並且文字描述對影像生成的引導能力不強，因此，它逐漸被無分類器引導取代。DALL·E 2、Imagen 和 Stable Diffusion 模型使用的都是無分類器引導。

　　無分類器引導技術巧妙地引入了一個 Guidance Scale 參數，無須訓練額外的分類器，就能實現文字描述對影像生成的引導。具體來說，該技術就是在每次擴散模型預測雜訊的過程中，使用 U-Net 模型完成以下兩次預測。

- 有條件預測：是使用文字特徵引導雜訊結果的預測。

- 無條件預測：是使用空字串的文字特徵引導雜訊結果的預測。

　　透過控制有條件預測和無條件預測的插值，便能極佳地平衡生成影像的多樣性和圖文一致性。不過，天下沒有免費的午餐，相比有分類器引導，無分類器引導的計算成本幾乎是加倍的。

為了讓 Stable Diffusion 模型具備無分類器引導的生成能力，需要在訓練擴散模型時做出修改。具體來說，在訓練過程中，以一定的機率（如 10%）將文字描述設置為空字串，而非用原影像對應的文字描述。這樣做是因為訓練資料是影像 - 文字對，如果整個過程都使用與影像對應的文字描述訓練擴散模型，擴散模型就會變得過於「聽話」，不利於無分類器引導時使用空字串條件進行生成，從而限制了生成結果的多樣性。如果使用 10% 的空字串策略，就能給擴散模型留出一定的創新空間。

當訓練完成後，「文生圖」的採樣過程會用到有條件預測和無條件預測。然後透過引導權重 w（Guidance Scale）進行插值。在 6.2 節要介紹的 Stable Diffusion WebUI 工具中，引導權重被稱為 CFG Scale，CFG 就是 Classifier Free Guidance 的縮寫。在無分類器引導技術中，擴散模型的每步雜訊可以按照式（3.7）計算：

$$最終雜訊 = w \times 有條件預測 + (1-w) \times 無條件預測 \quad (3.7)$$

引導權重越大，生成的影像與給定的文字描述越相關。一般來說，引導權重的設定值範圍為 3 ～ 15。繼續加大權重，生成的影像容易出現各種不穩定的問題，如影像過飽和（顏色過於鮮豔以至於失真）。引導權重設置為 0，相當於輸入的文字描述對影像生成結果不產生任何作用，生成的影像是完全隨機的（退化為原始擴散模型的效果）。

3.4.4 U-Net 模型實現細節

對於維度為 512×512×3 的訓練資料（RGB 三通道影像），經過 VAE 模型處理後，可以得到維度為 64×64×4 的潛在表示。使用這個潛在表示作為 U-Net 模型的輸入，可以得到同樣維度的輸出，預測的是需要去除的雜訊。圖 3-21 所示為 U-Net 模型結構的示意。

3.4 Stable Diffusion 是如何工作的

```
編碼器                                      解碼器
64×64×4                                    64×64×4
  ↓                                          ↓
卷積層  ──────────────────────────────→   卷積層
  ↓       64×64×320                         ↓       64×64×320
帶交叉注意力的下採樣模組 ──────────────→ 帶交叉注意力的上採樣模組
  ↓       32×32×640                         ↓       32×32×640
帶交叉注意力的下採樣模組 ──────────────→ 帶交叉注意力的上採樣模組
  ↓       16×16×1280                        ↓       16×16×1280
帶交叉注意力的下採樣模組 ──────────────→ 帶交叉注意力的上採樣模組
  ↓       8×8×1280                          ↑       8×8×1280
下採樣模組 ⇒   帶交叉注意   ⇒   下採樣模組
              力的中間模組
         8×8×1280                                 8×8×1280
```

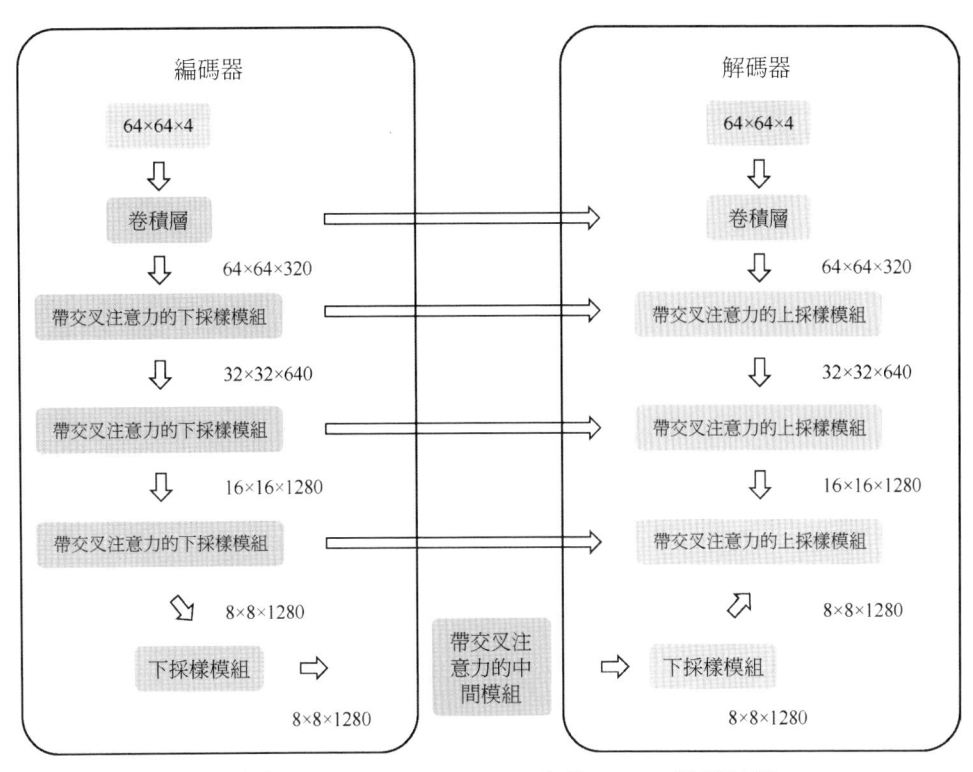

▲ 圖 3-21 Stable Diffusion 中的 U-Net 模型結構

對於 U-Net 模型的編碼器部分，潛在表示首先經過一個卷積層得到維度為 64×64×320 的特徵圖，然後經過 3 個連續包含交叉注意力機制的下採樣模組，特徵維度依次下採樣到 32×32×640、16×16×1280、8×8×1280，接著這些特徵被送入一個不包含注意力機制的卷積模組和一個包含交叉注意力機制的中間模組，便完成了 U-Net 模型的特徵編碼。

U-Net 模型的解碼器部分與編碼器部分完全對應，只是解碼器部分用上採樣計算替代了編碼器部分的下採樣計算。編碼器和解碼器之間存在跳躍連接，這是為了進一步強化 U-Net 模型的表達能力。

第 3 章　Stable Diffusion 的核心技術

對 Stable Diffusion 模型，文字描述對應的文字特徵和時間步 t 的編碼直接作用於 U-Net 模型。具體來說，文字特徵透過交叉注意力機制（圖 3-21 中的交叉注意力相關模組）進行注入，時間步編碼則直接作用於 U-Net 模型的每個模組。

圖 3-22 和圖 3-23 分別所示為包含交叉注意力機制的下採樣模組和上採樣模組的內部結構，×2、×3 表示方框中結構堆疊重複的次數。Resnet 2D 模組表示該部分使用 ResNet 論文中提出的殘差連接結構下採樣。

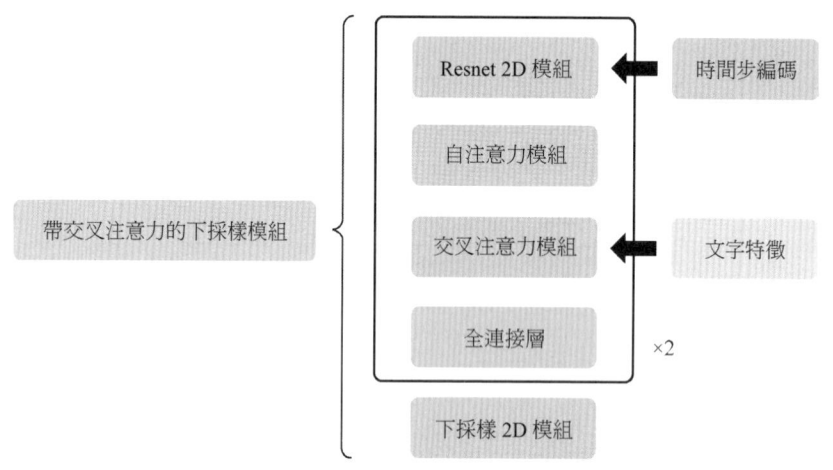

▲ 圖 3-22　包含交叉注意力機制的下採樣模組的內部結構

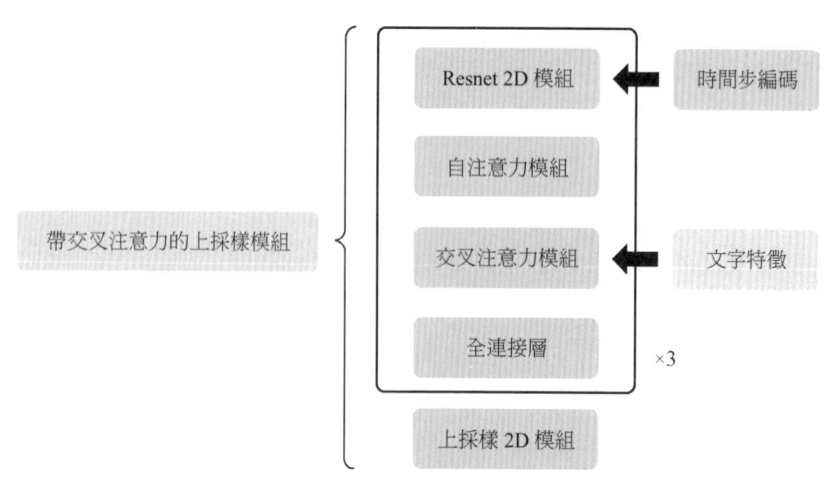

▲ 圖 3-23　包含交叉注意力機制的上採樣模組的內部結構

3-46

3.4 Stable Diffusion 是如何工作的

可以看到，時間步編碼作用於每個 Resnet 2D 模組，文字特徵作用於每個交叉注意力模組。Resnet 2D 模組的內部結構如圖 3-24 所示。

在 Resnet 2D 模組中，VAE 的潛在表示經過連續兩次組歸一化（GroupNorm，GN）、非線性啟動函數和卷積計算處理，時間步編碼透過線性映射（不使用非線性啟動函數）直接加到中間的特徵圖上。在 Stable Diffusion 的程式實現中，Resnet 2D 模組中還引入了一個隨機失活模組（Dropout）。這裡用到了兩個新概念：隨機失活和組歸一化。

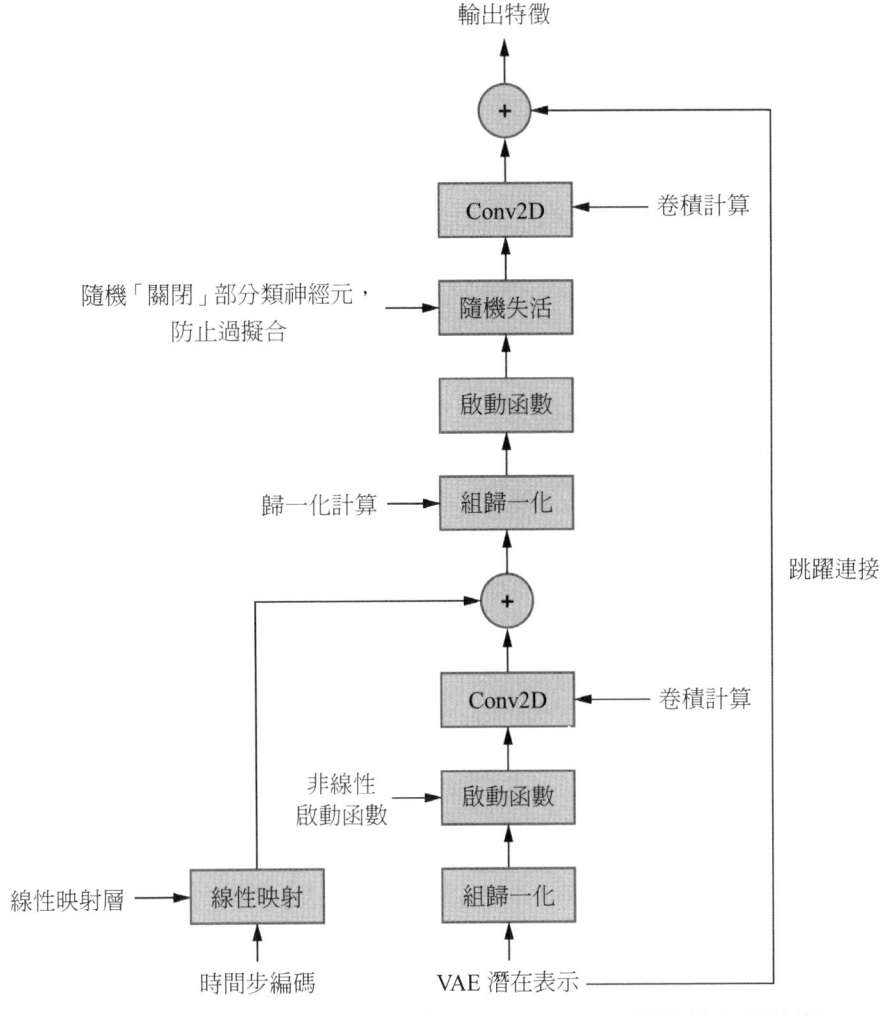

▲ 圖 3-24 Stable Diffusion 中 ResnetBlock2D 模組的內部結構

隨機失活是一種用於防止神經網路過擬合的技術，在訓練過程中，隨機「關閉」神經網路中的一部分類神經元（將它們的輸出設置為 0）。這種隨機失活迫使神經網路學習更加健壯的特徵，因為它不能依賴於任何一個特定的類神經元。在測試或應用模型時，所有的類神經元都被保留啟動，但它們的輸出會相應地進行縮放，以補償訓練時的隨機失活。

組歸一化是一種用於神經網路的歸一化（Normalization）技術，特別適用於卷積神經網路。批次歸一化、層歸一化、實例歸一化和組歸一化等技術都屬於常規歸一化技術。對於影像任務，特徵一般包含 4 個維度，分別是批次大小（Batch）、通道數（Channel）、特徵寬度（Width）和特徵高度（Height）。歸一化的本質就是將特徵在特定維度上減去平均值再除以方差，這 4 種歸一化技術在計算時，用於計算平均值和方差的部分如圖 3-25 所示。

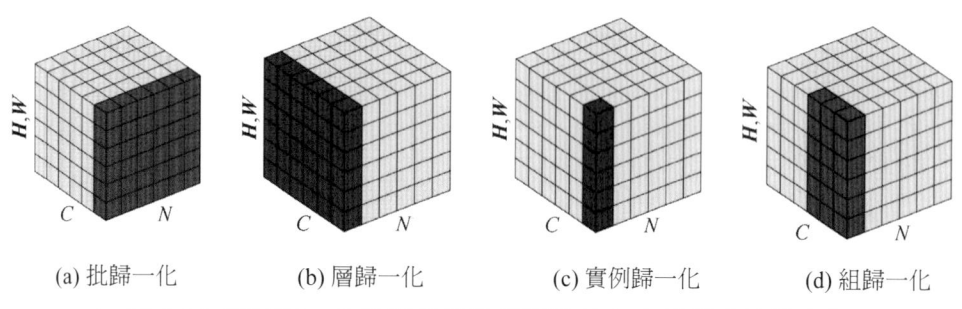

(a) 批歸一化　　(b) 層歸一化　　(c) 實例歸一化　　(d) 組歸一化

▲ 圖 3-25　不同歸一化技術用於計算平均值和方差部分的維度對比

圖中 *H* 代表特徵高度、*W* 代表特徵寬度、*C* 代表通道數、*N* 代表批次大小。程式清單 3-14 所示為 4 種常規歸一化技術的實現。

→ 程式清單 3-14

```
# x的形狀應為 [batch_size, channels, height, width]
def custom_batchnorm2d(x, gamma, beta, epsilon=1e-5):
    # 計算批次平均值和方差
    mean = torch.mean(x, dim=(0, 2, 3), keepdim=True)
    var = torch.var(x, dim=(0, 2, 3), unbiased=False, keepdim=True)

    # 批次歸一化
```

```python
    x_normalized = (x - mean) / torch.sqrt(var + epsilon)

    # 伸縮偏移變換
    out = gamma * x_normalized + beta

    return out

def custom_groupnorm(x, gamma, beta, num_groups, epsilon=1e-5):
    N, C, H, W = x.size()
    G = num_groups
    # reshape the input tensor to shape: (N, G, C // G, H, W)
    x_grouped = x.reshape(N, G, C // G, H, W)

    # 計算組平均值和方差
    mean = torch.mean(x_grouped, dim=(2, 3, 4), keepdim=True)
    var = torch.var(x_grouped, dim=(2, 3, 4), unbiased=False, keepdim=True)

    # 組歸一化
    x_grouped = (x_grouped - mean) / torch.sqrt(var + epsilon)

    # 伸縮偏移變換
    out = gamma * x_grouped + beta

    # reshape back to the original input shape
    out = out.reshape(N, C, H, W)

    return out

def custom_layernorm2d(x, gamma, beta, epsilon=1e-5):
    # 計算層平均值和方差
    mean = torch.mean(x, dim=(1, 2, 3), keepdim=True)
    var = torch.var(x, dim=(1, 2, 3), unbiased=False, keepdim=True)

    # 層歸一化
    x_normalized = (x - mean) / torch.sqrt(var + epsilon)

    # 伸縮偏移變換
    out = gamma * x_normalized + beta
```

第 3 章　Stable Diffusion 的核心技術

```
    return out

def custom_instancenorm2d(x, gamma, beta, epsilon=1e-5):
    # 計算實例平均值和方差
    mean = torch.mean(x, dim=(2, 3), keepdim=True)
    var = torch.var(x, dim=(2, 3), unbiased=False, keepdim=True)

    # 實例歸一化
    x_normalized = (x - mean) / torch.sqrt(var + epsilon)

    # 伸縮偏移變換
    out = gamma * x_normalized + beta

    return out
```

從計算過程可以看出，歸一化技術的輸入、輸出具有相和的維度，4 種歸一化技術最大的差別之一便是計算平均值和方差的維度。在批次歸一化中，平均值和方差在每個批次上對每個通道上進行統計；在層歸一化中，平均值和方差在單一樣本的所有通道進行統計，並對每個樣本獨立進行歸一化；在組歸一化中，平均值和方差在每個批次上對每個樣本的各個通道分組進行統計；在實例歸一化中，平均值和方差在單一樣本的每個通道上進行統計，不依賴於批次中的其他樣本。歸一化技術透過調整特徵的數值範圍讓神經網路的訓練更穩定，並讓模型的泛化能力更高。

交叉注意力部分的實現邏輯在 3.3 節已經進行了詳細討論，文字特徵注入可以透過程式清單 3-15 所示的方式完成。

➡ 程式清單 3-15

```
# 虛擬程式碼範例，影像特徵作為查詢矩陣，文字特徵作為鍵矩陣和值矩陣
output = cross_attention(Q = image_features, K = text_features, V = text_features)
```

3.4.5 反向描述詞與 CLIP Skip

在使用 Stable Diffusion 進行影像生成時，還有一些關鍵的「魔法」參數，如反向描述詞（Negative Prompt）和 CLIP Skip 等。

在使用無分類器引導時，無條件預測的部分需要使用空字串作為 U-Net 模型的輸入。反向描述詞便替換了無條件預測中的空字串部分，相當於告訴模型避免生成指定內容。此時，傳遞給採樣器的最終雜訊可以透過式（3.8）計算。通常引導權重 w 大於 1，反向描述詞便可以引導模型避免生成指定內容。

$$最終雜訊 = w \times 有條件預測 + (1-w) \times 反向描述詞預測 \quad (3.8)$$

在使用 CLIP 模型時，一個有趣的現象是，有時使用文字編碼器倒數第二層的特徵比使用最終層的特徵能獲得更好的效果。這可以視為，CLIP 模型在訓練時的主要目標是縮小影像 - 文字對之間的特徵距離。在這種訓練模式下，為了更有效地對齊影像特徵，文字編碼器的最終層可能會在一定程度上遺失原始文字的細粒度語義資訊。

鑑於 CLIP 的訓練資料主要源自網際網路，這些影像 - 文字對並不總能完美匹配。換言之，文字描述並非總能百分之百精確地反映對應影像的內容。因此，採用文字編碼器倒數第二層的輸出，也就是所謂的「CLIP Skip = 2」配置，有助我們捕捉到更加貼近影像內容的文字描述。在如 Stable Diffusion 等影像生成模型的實際應用場景中，這種策略已被廣泛使用，並且實踐證明，它能夠顯著提升模型生成影像的品質，使之更符合預期。

3.4.6「圖生圖」實現原理

在使用 Stable Diffusion 進行「圖生圖」時，很關鍵的一點是控制加入雜訊和去除雜訊的平衡，確保生成的影像既保留了原始影像的某些特徵，又融入了新的創意元素。

3-51

相比於「文生圖」的過程，「圖生圖」只需要在過程上進行一些調整。在「文生圖」中，需要選擇一個隨機雜訊作為初始潛在表示。而在「圖生圖」中，對輸入影像進行加入雜訊，透過去除雜訊強度（Denoising Strength）參數控制加入雜訊步數，然後以加入雜訊的結果作為影像生成的初始潛在表示。去除雜訊步數與加入雜訊步數需要保持一致，即在原始影像上加了多少步雜訊就要去除多少步雜訊。如果去除雜訊步數過少，生成的影像可能仍然含有較多雜訊；如果去除雜訊步數過多，則生成的影像可能過度平滑，導致與原始影像的相似度降低。圖 3-26 所示為 Stable Diffusion 實現「圖生圖」的演算法原理。

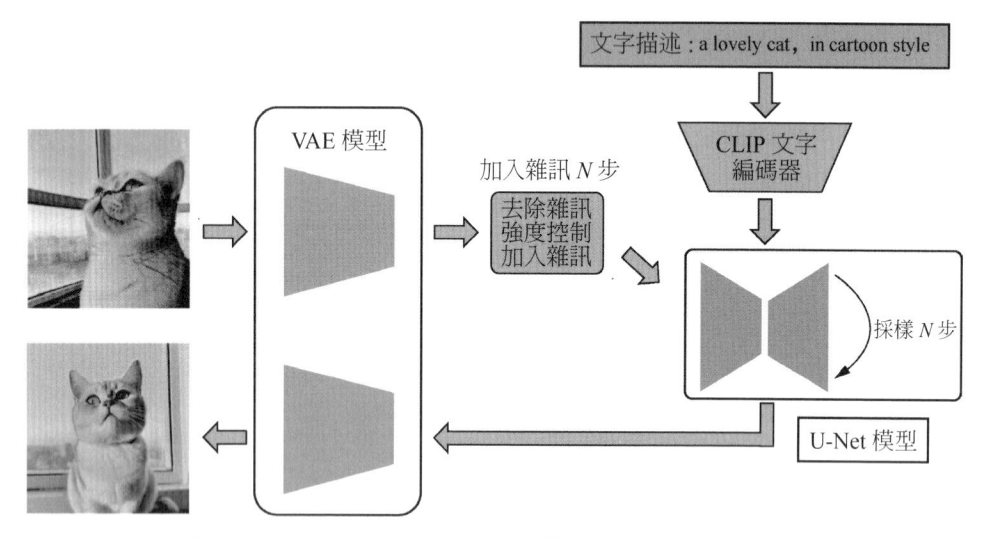

▲ 圖 3-26 Stable Diffusion 實現「圖生圖」的演算法原理

在各種社交媒體上，我們經常會看到人像全圖風格化的效果，既能夠保留影像的整體構圖結構，又能夠將影像轉化為各種新奇的風格（如漫畫風格、油畫風格等），這種效果往往就是透過 Stable Diffusion「圖生圖」的過程實現的。只是用於去除雜訊的模型應該是一個擅長生成目標風格的 Stable Diffusion 模型。程式清單 3-16 所示為使用名為 ToonYou 的 Stable Diffusion 模型，對測試影像進行風格化的程式實現。在這段程式中設置了不同的去除雜訊強度數值，生成的結果如圖 3-27 所示。

3.4 Stable Diffusion 是如何工作的

→ 程式清單 3-16

```python
import requests
import torch
from PIL import Image
from io import BytesIO
from diffusers import DiffusionPipeline, StableDiffusionImg2ImgPipeline

# 將多張影像拼接
def image_grid(imgs, rows, cols):
    assert len(imgs) == rows * cols

    w, h = imgs[0].size
    grid = Image.new("RGB", size=(cols * w, rows * h))
    grid_w, grid_h = grid.size

    for i, img in enumerate(imgs):
        grid.paste(img, box=(i % cols * w, i // cols * h))
    return grid

# 載入一個 Stable Diffusion 模型，使用名為 ToonYou 的模型進行影像風格化
device = "cuda"
pipe = StableDiffusionImg2ImgPipeline.from_pretrained("zhyemmmm/ToonYou")
pipe = pipe.to(device)

# 下載測試影像
url = "https://***.com/test.png"
response = requests.get(url)
init_image = Image.open(BytesIO(response.content)).convert("RGB")
init_image = init_image.resize((512, 512))

prompt = "1girl, fashion photography"
images = []

# 設置不同的重繪強度參數，比較圖生圖效果
for strength in [0.05, 0.15, 0.25, 0.35, 0.5, 0.75]:
    image = pipe(prompt=prompt, image=init_image, strength=strength,
                 guidance_scale=7.5).images[0]
    images.append(image)
```

```
# 視覺化影像
result_image = image_grid(images, 2, 3)
result_image.save("img2img.jpg")
```

▲ 圖 3-27 「圖生圖」效果
（去除雜訊強度：第一行為 0.05、0.15、0.25；第二行為 0.35、0.5、0.75）

影像補全（Image Inpainting）是一種特殊的「圖生圖」操作，該操作專注於對影像中被遮擋或損壞的部分進行恢復和重建。在進行影像補全任務時，重要的是確保只對目的地區域（被遮擋或損壞的部分）進行恢復和重建，而保持影像的其他區域不變。

為了實現這個目標，在加入雜訊過程中，不僅需要加入雜訊到整個影像上，還需要記錄每步加入雜訊的結果。這樣，在隨後的去除雜訊過程中，能夠對目的地區域外的區域進行特殊處理。具體來說，對於目的地區域外的區域的像素，在每步去除雜訊過程中，使用之前記錄的加入雜訊結果替換經過採樣器生成的結果。這樣做確保了影像補全過程只影響目的地區域,而不會改變影像的其他區域。

透過這種方式,可以高效且精確地完成影像補全任務,僅對目的地區域進行恢復和重建,同時保留影像其他區域的原始狀態和品質。這種方式在處理損壞的影像或去除不需要的物件時尤其有效。

影像外插(Image Outpainting)是另一種特殊的「圖生圖」操作。與影像補全相反,影像外插的目標是延續並擴充影像的視覺內容和上下文,建立一個與原始影像在邏輯上連貫、在視覺上協調的影像外部區域。與影像補全類似,在加入雜訊過程中,影像外插需要記錄原始影像每步加入雜訊的結果。在隨後的去除雜訊過程中,對原始影像區域的像素使用之前記錄的加入雜訊結果來替換經過採樣器生成的結果。這樣做可以確保影像外插的過程只影響外插區域,而不會改變原始影像區域的內容。

3.5 小結

本章深入探索了 Stable Diffusion 模型的核心技術及其實際應用,從基礎原理到操作實踐,為讀者揭示了 Stable Diffusion 模型的核心技術。

本章首先聚焦於 Stable Diffusion 模型中的影像「壓縮器」VAE,講解了其背後的技術原理,展示了如何高效率地處理影像資料。然後,本章深入討論了 CLIP 模組的原理和應用,揭示了其在連接影像、文字模態方面的獨特機制。接下來,本章對自注意力、交叉注意力和多頭注意力機制進行了探討,解釋了 Stable Diffusion 中文字描述引導影像生成的工作機制。之後,本章詳細闡述了 Stable Diffusion 從擴散模型到潛在擴散模型的演化過程,包括 U-Net 模型的實現細節和文字描述引導原理,讓讀者能夠更加深刻地理解 Stable Diffusion 模型背後的技術。最後,本章圍繞 Stable Diffusion 的具體使用技巧,討論了反向描述詞和 CLIP Skip 的用法，並介紹了透過「圖生圖」實現影像風格化、影像補全和影像外插的演算法原理。

本章可以幫助讀者更深入、全面地理解 Stable Diffusion 模型的技術原理，並掌握其在實際 AI 影像生成專案中的應用方法。

4

DALL·E 2、Imagen、DeepFloyd 和 Stable Diffusion 影像變形的核心技術

　　如果把 AI 影像生成模型比作一片星空,第 3 章探討的 Stable Diffusion 只是其中的一顆星星。從 OpenAI 的 DALL·E 2 模型到 Google 的 Imagen 和 Parti 模型,從 Midjourney 團隊推出的 Midjourney v4、Midjourney v5 模型到 Stability AI 公司推出的 SDXL 模型,再到 OpenAI 推出的 DALL·E 3 模型、Midjourney 推出的 Midjourney v6 模型、Google 推出的 Imagen 2 和 Gemini 模型等,這片星空群星閃耀。

第 4 章　DALL·E 2、Imagen、DeepFloyd 和 Stable Diffusion 影像變形的核心技術

這些模型使用不同的演算法方案，呈現出各具特色的影像生成能力。本章將探索業界經典的 AI 影像生成模型背後的演算法方案，主要討論以下 4 個問題。

- DALL·E 2、Imagen、Stable Diffusion 影像變形等模型的基本功能是什麼？

- DALL·E 2 的「文生圖」方案被稱為「unCLIP」的原因是什麼？

- Imagen 的演算法原理是什麼？它與 DeepFloyd 模型有哪些異同？

- Stable Diffusion 和 DALL·E 2 的影像變形功能有哪些異同？

4.1　里程碑 DALL·E 2

2022 年 4 月 DALL·E 2 模型一經發佈，便引發了 AI 影像生成技術的熱潮。DALL·E 2 的效果相比過去的 AI 影像生成模型的效果有了長足的進步，而且它提出的 unCLIP 結構、影像變形功能也被後來的模型效仿。只有真正理解了 DALL·E 2，才算拿到了進入 AI 影像生成世界的鑰匙。

4.1.1　DALL·E 2 的基本功能概覽

「DALL·E」源自西班牙藝術家 Salvador Dali 和皮克斯動畫工作室製作的動畫電影《機器人總動員》中的角色 WALL·E，它的含義是繪畫機器人。DALL·E 2 有多項繪畫功能，包括基本的「文生圖」、影像變形、影像編輯等。

體驗 DALL·E 2 的功能需要使用 OpenAI 提供的服務。對於付費使用者，首先在命令列視窗中使用以下命令安裝 openai 工具套件並匯入 OpenAI 金鑰（金鑰獲取路徑為：https://platform.openai.com/api-keys）：

4.1 里程碑 DALL·E 2

```
pip install openai
export OPENAI_API_KEY=" 你的 OpenAI 金鑰 "
```

透過程式清單 4-1 便可以使用 DALL·E 2 的「文生圖」功能,「文生圖」效果如圖 4-1 所示。

→ 程式清單 4-1

```python
from openai import OpenAI

client = OpenAI()
# 使用「文生圖」功能
response = client.images.generate(
    model="dall-e-2",
    prompt="A dragon fruit wearing karate belt in the snow",
    prompt="A robot couple fine dining with Eiffel Tower in the background"
    size="512x512",
    quality="standard", #"hd", # "standard"
    n=1,
)

image_url = response.data[0].url
```

文字描述:"A dragon fruit wearing karate belt in the snow"

文字描述:"A robot couple fine dining with Eiffel Tower in the background"

▲ 圖 4-1 DALL·E 2 的「文生圖」效果

4-3

第 4 章　DALL·E 2、Imagen、DeepFloyd 和 Stable Diffusion 影像變形的核心技術

DALL·E 2 可以進行影像變形，對經典畫作進行「魔改」。程式清單 4-2 所示為影像變形功能的使用方式：輸入一張影像，保留影像中的關鍵資訊，生成更多相似風格的影像。影像變形效果如圖 4-2 所示。

→ 程式清單 4-2

```
# 使用影像變形功能
response = client.images.create_variation(
    image=open(" 你的影像路徑 ", "rb"),
    n=2,
    size="1024x1024"
)

image_urls = [response.data[idx].url for idx in range(len(response.data))]
```

輸入一張影像　　保留影像中的關鍵資訊，生成相似風格的影像

▲ 圖 4-2　DALL·E 2 的影像變形效果

不要輕視這種「魔改」，它能快速提供很多風格的設計效果，激發設計靈感。例如當設計一個產品標識（Logo）時，只需要提供一種設計效果，便可以使用影像變形功能生成很多不同效果。

DALL·E 2 還可以對影像進行局部編輯。程式清單 4-3 所示為輸入一張影像、待編輯區域和一條文字描述，生成編輯後的影像，從而實現指令級影像編輯功能。影像局部編輯的效果如圖 4-3 所示。

程式清單 4-3

```
response = client.images.edit(
    model="dall-e-2",
    image=open("lake.png", "rb"), # 圖 4-3 左側圖
    mask=open("lake_mask.png", "rb"), # 圖 4-3 中間圖
    prompt="a lake with a wooden boat",
    n=1,
    size="1024x1024"
)
image_url = response.data[0].url
```

原始影像　　　　指定用於編輯的區域　　　　生成影像

文字描述：a lake with a wooden boat

▲ 圖 4-3　DALL·E 2 的影像局部編輯效果

4.1.2　DALL·E 2 背後的原理

　　了解了 DALL·E 2 的基本功能，再探討它的演算法原理。本質上，把 CLIP 文字編碼器和擴散模型組合在一起，引入大量影像 - 文字對進行模型訓練後，便獲得了 DALL·E 2。圖 4-4 所示為 DALL·E 2 的演算法方案。

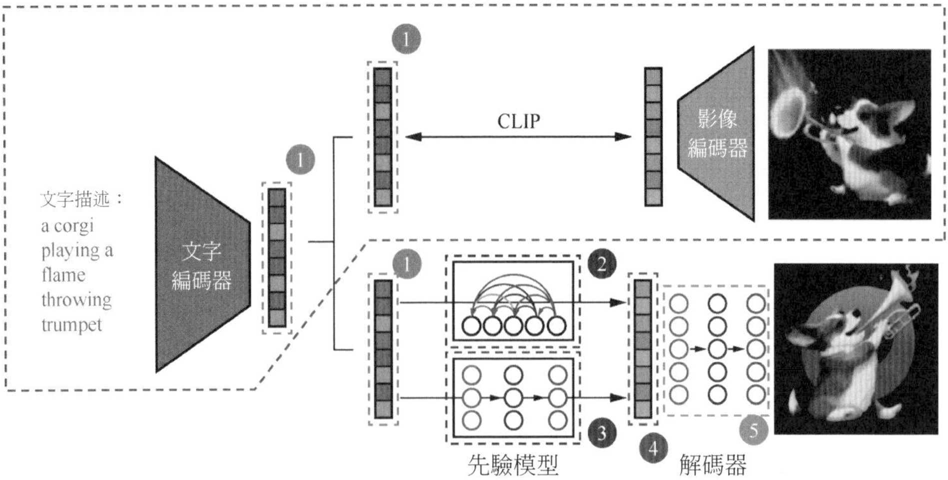

第 4 章　DALL·E 2、Imagen、DeepFloyd 和 Stable Diffusion 影像變形的核心技術

▲ 圖 4-4　DALL·E 2 的演算法方案

- 最大虛線框內代表原始的 CLIP 模型，這部分模型權重是預訓練好的，關於 CLIP 模型的演算法原理可以參考 3.2 節。

- 標記 1 代表 CLIP 文字編碼器提取的文字特徵，圖 4-4 中 3 處標記為 1 的文字特徵是完全相同的。

- 標記 2 和標記 3 代表兩種可以互相替代的先驗（Prior）模型方案。先驗模型的作用，就是將提取的 CLIP 文字特徵轉為 CLIP 影像特徵。需要注意的是，這裡提到的 CLIP 文字特徵是用 CLIP 文字編碼器從文字描述中提取的，而這裡提到的 CLIP 影像特徵是經過先驗模型預測得到的，而非 CLIP 影像編碼器提取的，但類似於 CLIP 影像編碼器提取的影像特徵。標記 2 代表需要訓練的自迴歸先驗模型。

4.1 里程碑 DALL·E 2

- 標記 3 代表需要訓練的擴散先驗模型。DALL·E 2 經過實驗驗證，使用擴散先驗模型和自迴歸先驗模型在生成效果上差別不大，擴散先驗模型在計算效率上更有優勢。因此在提出 DALL·E 2 的論文「Hierarchical Text-Conditional Image Generation with CLIP Latents」中的方案說明主要是圍繞擴散先驗模型展開的。

- 標記 4 代表擴散先驗模型輸出的影像特徵，該特徵類似於 CLIP 影像編碼器提取的影像特徵。

- 標記 5 代表擴散模型，其作用是將從先驗模型中得到的影像特徵轉為影像。

這樣拆解完 DALL·E 2 後，DALL·E 2 的演算法過程可以歸納為以下 3 步。

（1）使用一個預訓練好的 CLIP 文字編碼器將文字描述映射為文字特徵。

（2）訓練一個擴散先驗模型，將文字特徵映射為對應的影像特徵。

（3）訓練一個基於擴散模型的影像解碼器，根據影像特徵生成影像。

一句話歸納，DALL·E 2 的演算法方案是：用 CLIP 提取文字特徵，透過一個擴散模型將文字特徵轉為影像特徵，然後透過另一個擴散模型指導影像的生成。圖 4-5 所示為歸納後的 DALL·E 2 演算法方案。

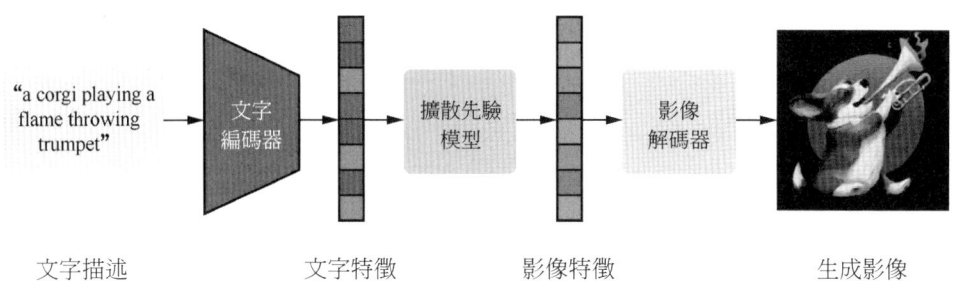

▲ 圖 4-5 歸納後的 DALL·E 2 演算法方案

第 4 章　DALL·E 2、Imagen、DeepFloyd 和 Stable Diffusion 影像變形的核心技術

接下來探討兩個擴散模型的訓練方式，即圖 4-5 中的擴散先驗模型和影像解碼器。

首先探討擴散先驗模型的訓練方式。DALL·E 2 的擴散先驗模型並沒有使用 U-Net 模型，而是直接使用了一個 Transformer 解碼器。U-Net 模型擅長解決影像分割問題，因為 U-Net 模型的輸入和輸出都是類似於影像的特徵圖；而 Transformer 的輸入和輸出是序列化的特徵，更適合完成從 CLIP 文字特徵到 CLIP 影像特徵的轉換。Transformer 的詳細原理不屬於本書的核心內容，因此不作展開，讀者只需要知道 Transformer 由編碼器和解碼器組成，其中編碼器負責提取特徵、解碼器負責生成目標序列。

需要指出，基於 Transformer 的擴散先驗模型並不是預測每步的雜訊，而是直接預測每步去除雜訊後的影像特徵。圖 4-6 對比了 DALL·E 2 中基於 Transformer 的擴散先驗模型和 Stable Diffusion 中用於預測雜訊的 U-Net 模型。

基於影像 - 文字對訓練資料，擴散先驗模型的訓練可以分為以下 3 步。

（1）使用預訓練好的 CLIP 文字編碼器從文字描述提取文字特徵。

（2）使用預訓練好的 CLIP 影像編碼器提取對應的影像特徵。

（3）隨機採樣一個時間步 t，以時間步 t、CLIP 文字編碼器提取的文字特徵、加入雜訊後的影像特徵作為條件，基於 Transformer 預測這一步去除雜訊後的影像特徵。

4.1 里程碑 DALL·E 2

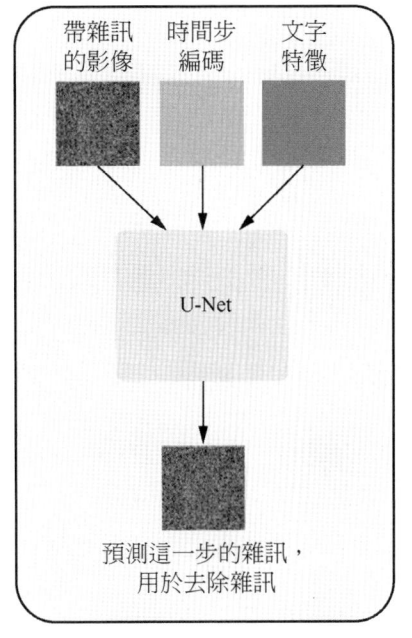

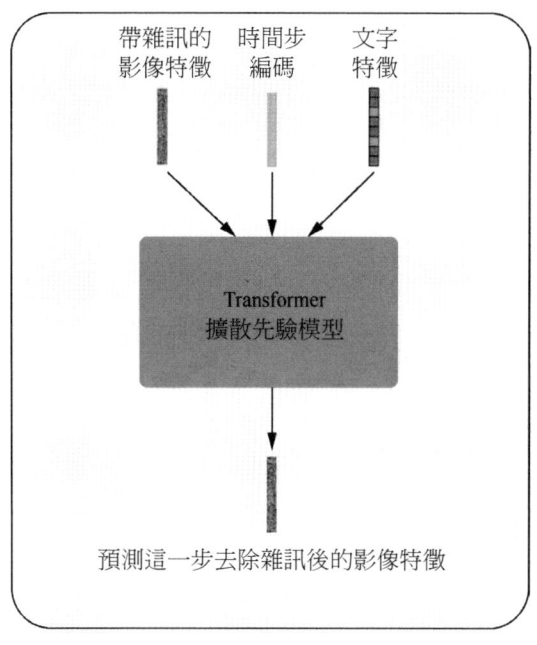

▲ 圖 4-6 模型對比：Stable Diffusion 中預測雜訊的 U-Net 模型（左）；
DALL·E 2 中用到的 Transformer 擴散先驗模型（右）

接下來探討影像解碼器的訓練方式。DALL·E 2 在 OpenAI 的另一篇論文「GLIDE：Towards Photorealistic Image Generation and Editting with Text-Guided Diffusion Models」的基礎上做了一些改進。GLIDE 僅使用文字編碼作為影像解碼器的輸入，而 DALL·E 2 使用文字編碼和經過擴散先驗得到的 CLIP 影像特徵作為輸入。影像解碼器得到的輸出是解析度為 64px×64px 的影像，這樣的解析度對影像生成任務來說是遠遠不夠的。因此，論文中又設計了兩個連續的上採樣模組，用於實現影像的超解析度處理，最終得到 1024px×1024px 的高畫質影像。需要留意的是，這裡用到的兩個上採樣模組都是擴散模型。

在擴散模型流行前，很多方案被用於實現影像超解析度處理，例如 ESRGAN 等方案。這類經典的影像超解析度處理方案往往只使用低解析度影像作為輸入，透過 GAN 等方案試圖補全影像中的細節。基於擴散模型的上採樣模組則與之不同，在訓練維度，基於擴散模型的上採樣模組相比於經典的影像超解析度處理方案使用了更多訓練資料；在演算法輸入維度，基於擴散模型的上採樣模組的輸入既包含低解析度的影像，也包含用於引導生成影像的文字。基於擴散模型的上採樣模組不僅能將影像變清晰，也能根據輸入的文字描述對低解析度影像中遺失的內容進行補全。因此，擴散模型在實現影像超解析度處理中更具潛力，也是當前各種 AI 影像生成模型在後處理階段普遍採取的模型。

需要指出，在影像生成過程中，DALL·E 2 同樣使用無分類器引導技術實現文字描述對生成影像的內容控制。

4.1.3 unCLIP：影像變形的魔法

DALL·E 2 的「文生圖」方案又被稱為「unCLIP」：對於預訓練好的 CLIP 模型，它的影像編碼器可以提取到影像特徵，CLIP 文字編碼器可以提取到文字特徵；DALL·E 2 透過擴散模型將文字特徵轉為影像特徵，然後從影像特徵直接生成影像，正好和 CLIP 從影像提取影像特徵的過程相反，「unCLIP」因此得名。

這種 unCLIP 的演算法實現想法為 DALL·E 2 帶來了獨特的影像變形功能。如圖 4-7 所示，輸入一張影像，使用 CLIP 影像編碼器提取影像特徵作為影像解碼器的輸入，便可以生成一張與原始影像類似的新影像。擴散先驗模型的作用是得到與 CLIP 影像編碼器提取的影像特徵類似的影像特徵，而影像變形功能使用的是真正的 CLIP 影像特徵，二者在分佈上是類似的。

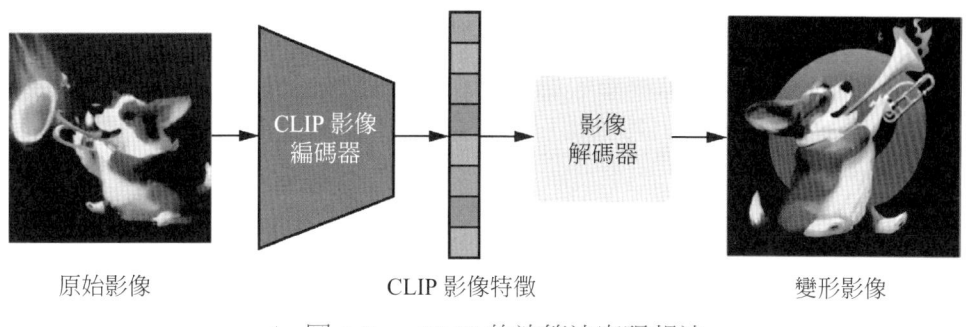

▲ 圖 4-7 unCLIP 的演算法實現想法

由於 Stable Diffusion 1.4/1.5/2.0 等模型的訓練過程並沒有使用 unCLIP 的演算法實現想法，因此這些模型無法為影像生成變形。

4.1.4 DALL·E 2 的演算法局限性

DALL·E 2 也存在一些局限性，例如它不擅長處理邏輯關係、不擅長在生成影像中寫入目標文字（通常被稱為「Text-in-Image」）、不擅長應對複雜場景的影像生成。使用以下 3 個文字描述 DALLE 2 生成的影像效果如圖 4-8 所示。

- 圖 4-8（a）的文字描述：two cubes on the table, with a red cube placed on top of a blue cube。
- 圖 4-8（b）的文字描述：a sign writing 'deep learning'。
- 圖 4-8（c）的文字描述：high quality photo of Times Square。

可以看到，圖 4-8（a）所示為無法生成複雜邏輯的場景，圖 4-8（b）所示為無法在圖中準確寫出文字的場景，圖 4-8（c）所示為無法生成複雜影像的場景。

第 4 章　DALL·E 2、Imagen、DeepFloyd 和 Stable Diffusion 影像變形的核心技術

2023 年 10 月，OpenAI 推出了 DALL·E 3，關於這個模型的演算法原理會在 5.3 節中介紹。這裡使用與圖 4-8 相同的文字描述，DALL·E 3 生成的影像效果如圖 4-9 所示。對比圖 4-8 和圖 4-9 可以發現，DALL·E 3 已經修復了 DALL·E 2 存在的演算法缺陷。

（a）　　　　　　　　（b）　　　　　　　　（c）

▲ 圖 4-8　DALL·E 2 在影像生成任務上的局限性

（a）　　　　　　　　（b）　　　　　　　　（c）

▲ 圖 4-9　DALL·E 3 修復了 DALL·E 2 的演算法缺陷

4.2　Imagen 和 DeepFloyd

在 DALL·E 2 推出後的一個月，即 2022 年 5 月，Google 發佈了自己的 AI 影像生成模型—Imagen。Imagen 在效果上顯著優於 DALL·E 2，並且透過實驗證明，只要文字模型的參數量足夠大，就不再需要擴散先驗模型。

4.2 Imagen 和 DeepFloyd

2023 年 4 月底，Stability AI 發佈並開放原始碼了 DeepFloyd 模型，引起了廣泛關注，而 DeepFloyd 和 Imagen 採用的是同樣的技術方案。

4.2.1 Imagen vs DALL·E 2

相比於 DALL·E 2，Imagen 的兩個核心優勢是生成影像更具真實感以及模型本身擁有更強的語言理解能力。

透過 Google 的 API 使用 Imagen 模型比較困難，但幸運的是，Imagen 模型論文「Photorealistic Text-to-Image Diffusion Models with Deep Language Understanding」的幾位作者創辦了 ideogram 專案，該專案讓使用者可以間接體驗 Imagen 的繪畫功能。ideogram 的影像生成效果如圖 4-10 所示。可以看到 ideogram 對超現實風格的文字描述具有良好的處理能力。

文字描述："A dragon fruit wearing karate belt in the snow"

文字描述："A robot couple fined ining with Eiffel Tower in the background"

▲ 圖 4-10 ideogram 的影像生成效果

第 4 章　DALL·E 2、Imagen、DeepFloyd 和 Stable Diffusion 影像變形的核心技術

相比於 DALL·E 2，Imagen 更擅於處理邏輯關係複雜和生成影像複雜的場景。除了基本功能，Imagen 還擁有一項優秀功能—可以在生成的影像中寫入指定的文字。圖 4-11 展示了 ideogram 的更多影像生成效果。透過對比圖 4-11、圖 4-8 和圖 4-9 可以看到，ideogram 的影像生成效果優於 DALL·E 2 的，但弱於 DALL·E 3 的。

▲ 圖 4-11　ideogram 的更多影像生成效果

4.2.2　Imagen 的演算法原理

了解了 Imagen 的基本功能，再探討它的演算法原理。本質上，Imagen 使用更強的文字編碼器—T5（Text-to-Text Transfer Transformer）模型提取文字特徵，然後透過擴散模型將文字特徵轉為目標影像。Imagen 的演算法原理如圖 4-12 所示。

文字描述經過文字編碼器得到文字特徵，該文字特徵不僅用於引導低解析度影像的擴散生成，也用於指導連續的兩個基於擴散模型的超解析度模組發揮作用。與 DALL·E 2 類似，Imagen 首先會生成 64px×64px 的低解析度影像，然後經過連續兩個基於擴散模型的超解析度模組，將影像尺寸分別提升至 256px×256px、1024px×1024px。在訓練過程中，首先將文字特徵、初始雜訊作為擴散模型的輸入，去除雜訊後的影像作為目標輸出，得到低解析度擴散模型；然後將低解析度影像、文字特徵作為模型的輸入，去除雜訊後的影像作為目標輸出，得到更高解析度的擴散模型。

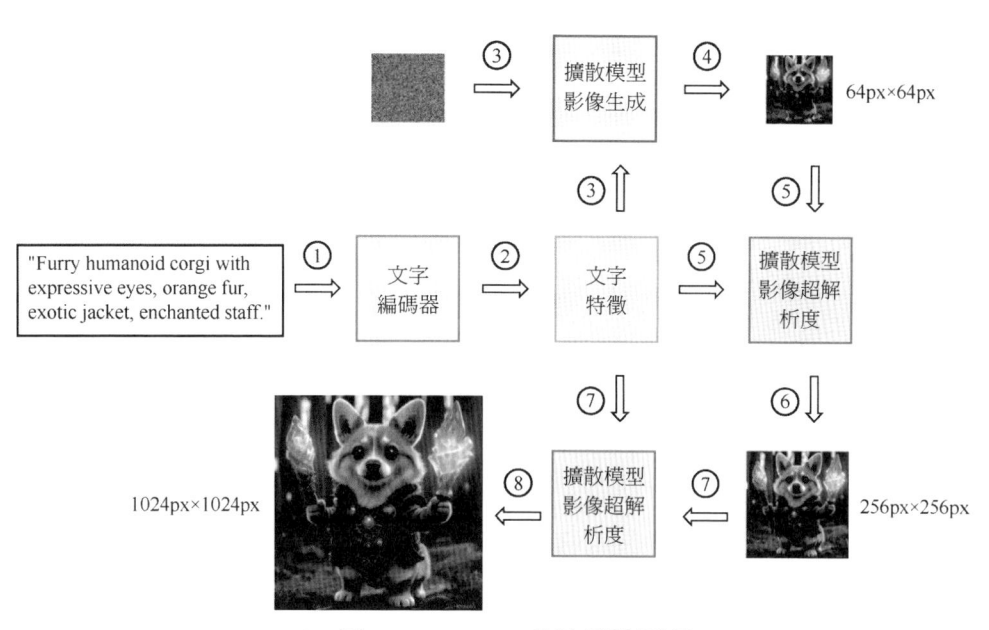

▲ 圖 4-12 Imagen 的演算法原理

與 DALL·E 2 相比，Imagen 在方案上主要有以下 3 點改進。

- 在「文生圖」過程中，Imagen 沒有使用 CLIP 的文字編碼器，而是直接使用純文字大型模型 T5 完成文字編碼任務。做一個對比，Imagen 用到的 T5 模型參數量共計 11B，DALL·E 2 用到的 CLIP 的文字編碼器參數量約為 63M。也就是說，Imagen 用到的 T5 模型參數量約為 DALL·E 2 用到的 CLIP 的文字編碼器參數量的 200 倍，這表示 Imagen 擁有更強大的文字描述理解能力。站在語言模型的角度看，通常參數量越大，文字描述理解能力越強。

- Imagen 沒有使用 unCLIP 結構，而是直接把文字特徵輸入影像解碼器，生成目標影像。

- Imagen 對擴散模型預測的雜訊使用了動態設定值的策略，提升了影像生成效果的穩定性。

正是基於這樣的方案改進，Imagen 模型才能處理更複雜的文字描述，生成更驚豔的影像。

4.2.3 文字編碼器：T5 vs CLIP

在 T5 模型被提出前，自然語言處理領域的各個任務的資料前置處理方式和輸出格式大相徑庭，通常需要為每個特定任務設計特定的模型架構和訓練流程。T5 使用 Transformer 結構，將自然語言處理領域的所有任務統一為「文字到文字」的格式，如圖 4-13 所示。這表示無論是翻譯、摘要、文字分類還是問答，所有任務都被格式化為接收文字輸入並輸出文字的格式。舉例來說，對於分類任務，其輸出可以是類別名稱的文字。

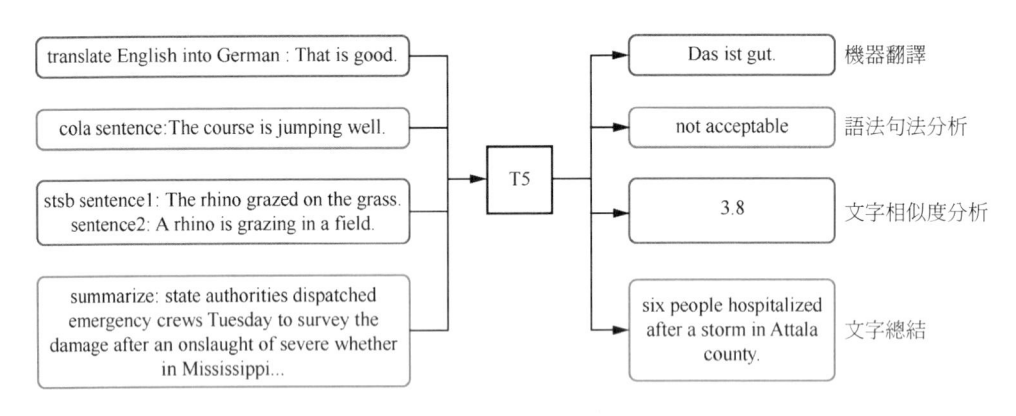

▲ 圖 4-13 T5 模型將多工的格式統一

對於機器翻譯任務，訓練資料的輸入部分需要加上一句指令，如「translate English to German」。以圖 4-13 中的機器翻譯任務為例，模型的輸入是「translate English to German: That is good.」，模型的輸出是翻譯後的德語「Das ist gut.」。對於情感分析任務，訓練資料的輸入部分應該增加的指令為「sentiment」，例如模型的輸入可以是「sentiment: This music is perfect.」，模型的輸出應該是「positive」。

4.2 Imagen 和 DeepFloyd

由於所有任務使用相同的模型架構和資料格式，T5 簡化了模型的訓練和部署過程。這一點對於實際應用尤其重要，因為它減少了為特定任務訂製模型的需要。同時，T5 在多工學習中表現出色，這表示其在多個任務上訓練的同一個模型可以更進一步地理解和處理語言。這提高了模型對新任務的泛化能力，即使這些任務在訓練時沒有被顯式地考慮。

需要注意的是，T5 模型的訓練使用的是純文字資料，而非像 CLIP 一樣需要使用影像-文字對資料。CLIP 的訓練目標是讓對應的影像特徵向量、文字特徵向量的餘弦距離盡可能大，讓不對應的影像特徵向量、文字特徵向量的餘弦距離盡可能小。這個過程必須使用影像-文字對資料。相比影像-文字資料，純文字資料更容易獲得。

T5 模型有多種不同的版本，對應不同的參數量。最小的 T5 模型有 60M 個參數，與 CLIP 文字編碼器的參數量相當，推理速度較快。最大的 T5 模型有 11B 個參數，被命名為 T5-XXL 模型，能夠處理更複雜的任務，一些頭部「文生圖」模型，例如 Imagen、DALL·E 3 和 DeepFloyd 等，通常都使用 T5-XXL 模型。此外，T5 模型還提供了參數量分別為 770M 和 3B 的中等規模版本。不同版本的 T5 模型可以滿足不同的應用需求和資源限制條件。隨著參數量的增加，模型通常能獲得更高的性能和更強的泛化能力，但同時也伴隨著更高的計算成本和更長的訓練時間。選擇哪種版本的 T5 模型取決於具體的應用場景、可用資源以及性能需求。

從 Imagen 對比 DALL·E 2 的效果可以看出，T5 模型能夠更進一步地提取文字資訊，在影像中寫入文字任務的效果便是很好的證明。

接下來討論 T5 模型提取的文字特徵如何指導影像的生成。在 Imagen 中，影像解碼器使用的同樣是擴散模型。在影像生成的過程中，Imagen 採用了一種獨特的方式注入文字特徵編碼。對於每步去除雜訊，Imagen 會取當前的帶雜訊影像、時間步編碼，以及由 T5 模型生成的文字特徵編碼，然後將這三者相加，作為 U-Net 模型的輸入，如圖 4-14 所示。這種方式有別於其他模型採

4-17

第 4 章　DALL·E 2、Imagen、DeepFloyd 和 Stable Diffusion 影像變形的核心技術

用的方式，例如 Stable Diffusion 採用的交叉注意力機制，或 DALL·E 2 使用的從 CLIP 文字特徵到 CLIP 影像特徵的轉換。Imagen 更直接地利用文字特徵作為其擴散模型輸入的一部分，這樣的設計讓文字特徵能夠直接影響影像生成的每一步。

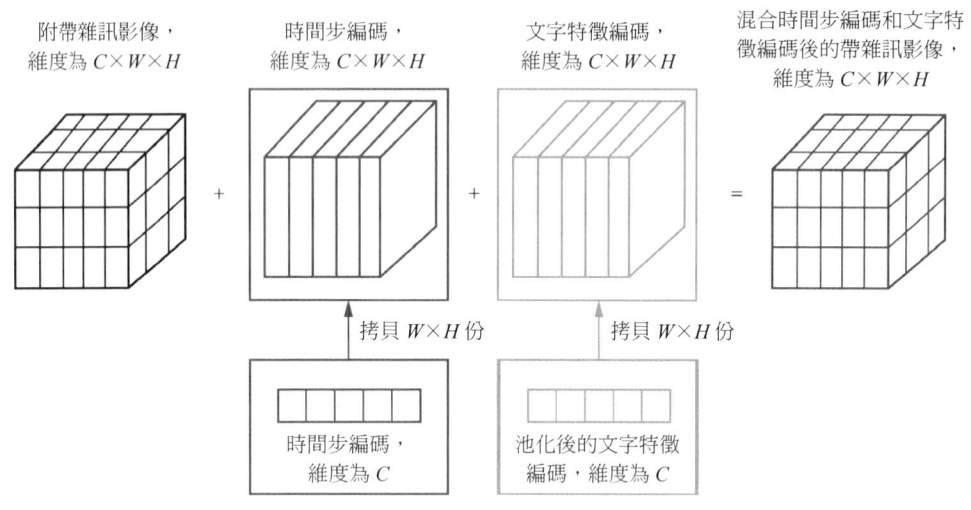

附帶雜訊影像，維度為 $C×W×H$　　時間步編碼，維度為 $C×W×H$　　文字特徵編碼，維度為 $C×W×H$　　混合時間步編碼和文字特徵編碼後的帶雜訊影像，維度為 $C×W×H$

拷貝 $W×H$ 份　　拷貝 $W×H$ 份

時間步編碼，維度為 C　　池化後的文字特徵編碼，維度為 C

▲ 圖 4-14　Imagen 的文字特徵編碼注入方式

需要指出，Imagen 同樣使用無分類器引導技術進行訓練和推理。具體來說，在訓練過程中，一定比例的影像標題會被設置為空字串，保證 Imagen 模型擁有一定的創造力。在推理過程中，有條件預測使用具體的文字描述作為輸入，無條件預測使用空字串作為輸入，二者分別透過 T5 模型得到文字特徵，然後分別經過 U-Net 模型預測雜訊，透過引導權重對兩個雜訊進行加權求和得到最終的雜訊。整個過程如程式清單 4-4 的虛擬程式碼所示。

➔ 程式清單 4-4

```
def generate_image(model, text, empty_text, guidance_scale, num_steps):
    # 初始化帶雜訊影像
    current_image = model.sample_initial_noise()

    # 文字特徵編碼
    text_embedding = model.encode_text(text)
```

```
    empty_text_embedding = model.encode_text(empty_text)

    for t in range(num_steps, 0, -1):
        # 生成預測的雜訊
        noise_with_text = model.generate_noise(current_image, text_embedding, t)
        noise_without_text = model.generate_noise(current_image,
                            empty_text_embedding, t)

        # 無分類器引導加權
        final_noise = (noise_with_text * guidance_scale) +
                      (noise_without_text * (1 - guidance_scale))

        # 更新當前影像
        current_image = model.update_image_with_noise(current_image,
                        final_noise, t)

    # 傳回最終影像
    return current_image

# 範例：生成影像
image = generate_image(model, "A cat on a tree", "", guidance_scale=1.5,
        num_steps=100)
```

4.2.4 動態設定值策略

在 Imagen 中，生成影像的過程涉及一個步驟接一個步驟地去除影像中的雜訊。在每步中，都會有一個預測的雜訊，基於這個雜訊，我們可以逐步去除影像中的雜訊。然而，如果對這個預測的雜訊不加以限制，就可能出現一些問題，例如最終生成的影像可能是全黑影像。

為了解決這些問題，Imagen 的開發者採用了一種被稱為靜態設定值（Static Threshold）的方法。這種方法的核心思想是對雜訊進行數值上的限制：如果 U-Net 模型預測的雜訊超過 1，就將其設定為 1；如果小於 −1，就將其設定為 −1。靜態設定值的計算過程如程式清單 4-5 所示。這種方法簡單、有效，但在一些情況下仍然會導致影像過飽和。

第 4 章 DALL·E 2、Imagen、DeepFloyd 和 Stable Diffusion 影像變形的核心技術

→ 程式清單 4-5

```
import numpy as np

def apply_static_threshold(noise):
    # 將雜訊限制在 -1 到 1 之間
    noise_clipped = np.clip(noise, -1, 1)
    return noise_clipped

# 範例
noise = np.random.randn(100, 100)  # 假設這是 U-Net 模型預測的雜訊
noise_after_static_threshold = apply_static_threshold(noise)
```

為了進一步改進靜態設定值，開發者提出了動態設定值（Dynamic Threshold）方法。這種方法更加靈活。首先確定一個比例，如 90%。然後在每步去除雜訊時，計算出一個數值 s，確保帶雜訊影像中 90% 的雜訊都在 $-s$ 到 s 的範圍內。如果某個雜訊小於 $-s$，就將其調整為 $-s$；如果大於 s，就將其調整為 s。最後，對所有雜訊進行標準化處理，確保它們都在 -1 到 1 的範圍內。動態設定值的計算過程如程式清單 4-6 所示。

→ 程式清單 4-6

```
import numpy as np

def apply_dynamic_threshold(noise, percentile=90):
    # 計算動態設定值
    s = np.percentile(np.abs(noise), percentile)

    # 將雜訊限制在 -s 到 s 之間
    noise_clipped = np.clip(noise, -s, s)

    # 標準化雜訊，使其在 -1 到 1 的範圍內
    noise_normalized = noise_clipped / s
    return noise_normalized

# 範例
noise = np.random.randn(100, 100)  # 假設這是 U-Net 模型預測的雜訊
noise_after_dynamic_threshold = apply_dynamic_threshold(noise)
```

透過這種動態調整雜訊的方法，Imagen 能夠更加有效地控制每步去除雜訊過程中的雜訊範圍，從而避免了在生成影像的過程中出現全黑影像或影像過飽和的問題，使得整個影像生成過程更加穩定和可靠。

4.2.5 開放原始碼模型 DeepFloyd

DeepFloyd 模型也是基於 Imagen 訓練得到的，其包括一系列不同參數量的影像生成模型。該系列模型中參數量最大的模型被稱為 DeepFloyd IF 模型。DeepFloyd 的演算法原理如圖 4-15 所示。對比圖 4-12 所示的 Imagen 的演算法原理會發現，DeepFloyd 的結構和 Imagen 的結構很相似。

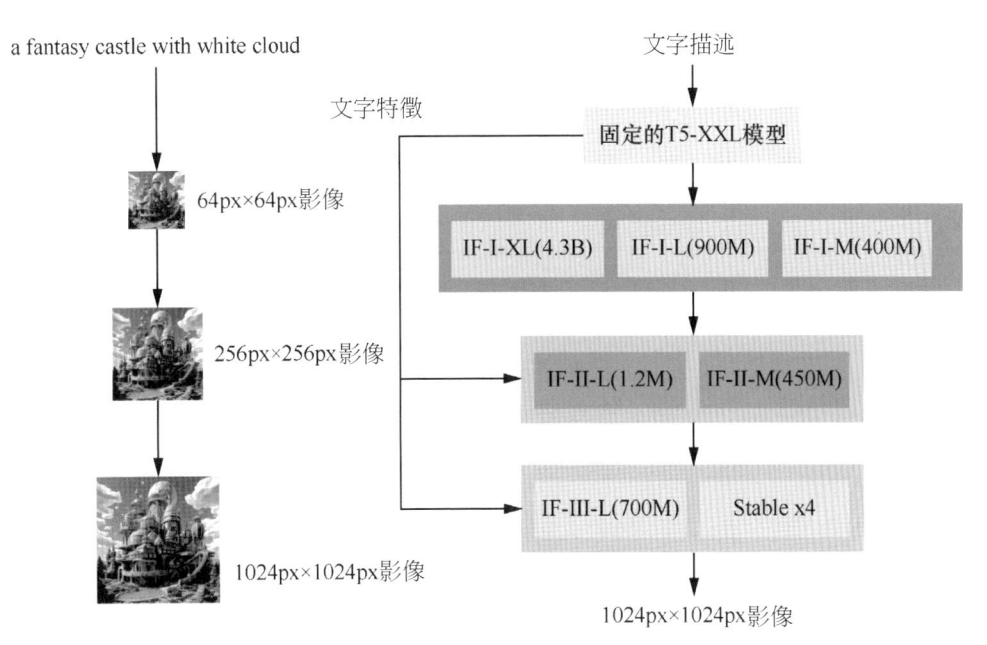

▲ 圖 4-15 DeepFloyd 的演算法原理

DeepFloyd 專案的開發者對各個影像生成模型進行了對比，如表 4-1 所示。其中，Zero-shot FID-30K 表示生成影像的真實感分數，該數值越低表示生成影像的效果越好。從表 4-1 可以看出，DeepFloyd IF 的生成效果優於 Imagen 和 DALL·E 2。

第 4 章　DALL·E 2、Imagen、DeepFloyd 和 Stable Diffusion 影像變形的核心技術

▼ 表 4-1　DeepFloyd 模型與其他影像生成模型生成影像效果對比

模型	Zero-shot FID-30K
DALL·E 2	10.39
Imagen	7.27
DeepFloyd IF	6.66

DeepFloyd IF 模型能有這樣的生成效果，主要有以下兩個原因。

- 擴散模型解碼器 IF-I-XL 的參數量達到 43 億（4.3B），這正是「大力出奇蹟」。

- DeepFloyd IF 使用的是與 Imagen 一樣的 T5 模型，但 DeepFloyd IF 對 T5 得到的文字特徵設計了一個叫作最佳注意力池化的模組。與常見的最大值池化、平均值池化這種預先定義的池化方法相比，最佳注意力池化是一種可學習的池化方法。

雖然 Imagen 並沒有開放原始碼，但是它的後來者 DeepFloyd 模型及其程式已經對外開放。本節以 DeepFloyd 系列中參數量最大的 DeepFloyd IF 模型為例。首先，如程式清單 4-7 所示，需要在命令列環境或 Jupyter Notebook 環境中登入 Hugging Face 帳號，確保能下載模型檔案。

➜ 程式清單 4-7

```
from huggingface_hub import login
login()
```

然後，如程式清單 4-8 所示，依次載入 3 個不同解析度影像生成階段的擴散模型檔案。如果本地環境不包含這些模型檔案，這段程式會自動請求從 Hugging Face 的伺服器下載原始模型檔案。

4.2 Imagen 和 DeepFloyd

→ 程式清單 4-8

```python
from diffusers import DiffusionPipeline
from diffusers.utils import pt_to_pil
import torch

# 載入 DeepFloyd 第一階段模型
stage_1 = DiffusionPipeline.from_pretrained("DeepFloyd/IF-I-XL-v1.0", variant="fp16", torch_dtype=torch.float16)
# 如果 torch.__version__ >= 2.0.0，刪除下面這一行
stage_1.enable_xformers_memory_efficient_attention()
stage_1.enable_model_cpu_offload()

# 載入 DeepFloyd 第二階段模型
stage_2 = DiffusionPipeline.from_pretrained(
        "DeepFloyd/IF-II-L-v1.0", text_encoder=None, variant="fp16",
torch_dtype=torch.float16
)
# 如果 torch.__version__ >= 2.0.0，刪除下面這一行
stage_2.enable_xformers_memory_efficient_attention()
stage_2.enable_model_cpu_offload()

# 載入 DeepFloyd 第三階段模型
safety_modules = {"feature_extractor": stage_1.feature_extractor,
                  "safety_checker": stage_1.safety_checker, "watermarker":
                  stage_1.watermarker}
stage_3 = DiffusionPipeline.from_pretrained("stabilityai/stable-diffusion-x4-upscaler", **safety_modules, torch_dtype=torch.float16)
# 如果 torch.__version__ >= 2.0.0，刪除下面這一行
stage_3.enable_xformers_memory_efficient_attention()
stage_3.enable_model_cpu_offload()
```

接下來，就可以提供文字描述進行創作了。如程式清單 4-9 所示，要求模型生成「一隻長著鹿角的彩虹配色柯基犬」和「寫著 deep learning is interesting 的標識板」。生成影像的效果，如圖 4-16 所示。

4-23

第 4 章　DALL·E 2、Imagen、DeepFloyd 和 Stable Diffusion 影像變形的核心技術

➜ 程式清單 4-9

```
prompt = 'color photo portrait of rainbow corgi with deer horns'
# prompt = 'A beautiful crafted wooden sign with ''deep learning is interesting'' '
# 對應圖 4-16 中的第 2 個例子，這裡加了註釋符號以避免覆蓋掉上一行程式中的 prompt
# 提取文字特徵
prompt_embeds, negative_embeds = stage_1.encode_prompt(prompt)
generator = torch.manual_seed(0)
# 第一階段生成
image = stage_1(prompt_embeds=prompt_embeds,
                negative_prompt_embeds=negative_embeds, generator=generator,
                output_type="pt").images
pt_to_pil(image)[0].save("./if_stage_I.png")
# 第二階段生成
image = stage_2(image=image, prompt_embeds=prompt_embeds,
                negative_prompt_embeds=negative_embeds, generator=generator,
                output_type="pt"
).images
pt_to_pil(image)[0].save("./if_stage_II.png")
# 第三階段生成
image = stage_3(prompt=prompt, image=image, generator=generator,
                noise_level=100).images
image[0].save("./if_stage_III.png")
```

文字描述："color photo portrait of rainbow corgi with deer horns"

文字描述："A beautifully crafted wooden sign with 'deep learning' is interesting"

▲ 圖 4-16　DeepFloyd IF 生成效果

執行程式清單 4-9，需要佔用 20GB 以上的顯示記憶體。如果要降低顯示記憶體佔用，可以用 xFormer 最佳化 Transformer 的計算效率，或及時釋放已經完成推理的模型資源等。這裡僅展示了 DeepFloyd IF 的「文生圖」功能，DeepFloyd 官網還提供了影像超解析度處理、影像局部補完全相等功能，推薦讀者存取 DeepFloyd 專案官網獲取更多資訊。

4.2.6　升級版 Imagen 2

在 2023 年底，Google 推出了 Imagen 的升級版 Imagen 2。相比於前一代技術，Imagen 2 的生成品質更高，尤其在真實手部和人臉的著色效果上提升顯著。從已經揭露的資訊可以得出，Imagen 2 的主要改進包括以下兩方面。

- 「文生圖」模型透過學習訓練資料集中的影像和標題之間的細節生成與使用者提示匹配的影像，但這些與使用者提示匹配的影像的細節品質和準確性可能較低。Imagen 2 透過在訓練資料集中增加對影像標題的文字描述，使得模型能夠學習不同的文字描述風格，並更進一步地理解廣泛的使用者提示。這一點也是 DALL·E 3 相比於 DALL·E 2 做出的主要改進。

- Imagen 2 額外訓練了一個專門的影像美學評分模型，該模型綜合考慮了光照、構圖、曝光、清晰度等因素。在該模型的訓練過程中，每張影像都被賦予一個美學分數，幫助 Imagen 2 更加重視符合人類偏好的影像。

4.3　Stable Diffusion 影像變形

對於 DALL·E 2，使用者輸入一張影像，使用 CLIP 的影像編碼器提取影像特徵作為影像解碼器的輸入，這樣就實現了影像變形功能。影像變形功能在實際工作中能快速生成相似影像效果，激發設計靈感。影像變形功能是一個非常有用的功能，Stable Diffusion 1.x 系列模型並不具備該功能。於是，Stability AI 推出了同樣可以生成變形影像的模型，名為 Stable Diffusion Reimagine。

4.3.1 「圖生圖」vs 影像變形

提到影像變形，讀者也許會聯想到 Stable Diffusion 模型的「圖生圖」功能。但實際上，Stable Diffusion 的「圖生圖」和影像變形，在原理上和效果上是完全不同的。

在 Stable Diffusion 模型中，「圖生圖」功能透過去除雜訊強度超參數向原始影像增加雜訊，並根據文字描述重新去除雜訊得到新影像。透過這種方式生成的新影像在輪廓上會和原始影像非常接近，而在內容和風格上則會更接近文字描述。圖 4-17 所示為使用 Stable Diffusion 模型進行「圖生圖」的效果。

（a）原始影像 　　　　　（b）生成影像

▲ 圖 4-17　使用 Stable Diffusion 進行「圖生圖」的效果

而透過影像變形生成的影像與原始影像在色調、構圖和人物形象方面具有相似性。圖 4-18 所示為使用 Stable Diffusion 影像變形功能生成的效果。

(a)原始影像　　　　　　(b)生成影像

▲ 圖 4-18 使用 Stable Diffusion 影像變形功能生成的效果

「圖生圖」和影像變形都以影像為主進行變化。「圖生圖」本質是依賴於文字描述引導相似輪廓下的內容變化；影像變形則以原始影像為基礎，從影像中提取關鍵資訊，生成具有相似內容但不同樣式的影像，整個過程不需要文字描述的引導。

4.3.2 使用 Stable Diffusion 影像變形

相比標準 Stable Diffusion 模型（如 Stable Diffusion 1.5 等）和 DALL·E 2 的影像變形功能，Stable Diffusion 影像變形模型究竟有何區別呢？Stable Diffusion 影像變形實際上是一個全新的 Stable Diffusion 模型，其官方名稱為 Stable unCLIP 2.1。與 DALL·E 2 一樣，它也屬於 unCLIP 模型。Stable Diffusion 影像變形模型是基於 Stable Diffusion 2.1 模型微調而來的，它能生成 768px×768px 的影像。

使用 Stable Diffusion 影像變形模型的第一種方式是透過 Stable Diffusion 官方平臺 ClipDrop。開啟 ClipDrop 後上傳影像，只需稍加等待便可以完成影像變形的生成。圖 4-19 所示為 ClipDrop 平臺的影像變形效果。

第 4 章　DALL·E 2、Imagen、DeepFloyd 和 Stable Diffusion 影像變形的核心技術

|原始影像|影像變體 1|影像變體 2|影像變體 3|

▲ 圖 4-19　ClipDrop 平臺的影像變形效果

　　使用 Stable Diffusion 影像變形模型的第二種方式是透過 Python 程式。雖然在 ClipDrop 平臺上使用 Stable Diffusion 影像變形模型非常方便，但如果想調整參數和批次生成影像變形，透過 Python 程式的方式更加靈活。程式清單 4-10 所示為使用 Stable Diffusion 影像變形模型的程式部分。在這段程式中，首先從官方倉庫下載 Stable Diffusion 影像變形模型。然後，使用一張「在祈禱的貓」影像作為輸入，呼叫 Stable Diffusion 影像變形模型完成影像生成。當然，你也可以使用其他影像連結替換程式清單 4-10 中影像的 URL 連結。

→ 程式清單 4-10

```
from diffusers import StableUnCLIPImg2ImgPipeline
from diffusers.utils import load_image
import torch

# 載入 Stable Diffusion 影像變形模型
pipe = StableUnCLIPImg2ImgPipeline.from_pretrained(
    "stabilityai/stable-diffusion-2-1-unclip", torch_dtype=torch.float16,
    variation="fp16")
pipe = pipe.to("cuda")
```

4.3 Stable Diffusion 影像變形

```python
# 可以使用其他需要測試的影像的 URL 連結
url = "http://***.com/test.png"
init_image = load_image(url)

# 生成影像變形
images = pipe(init_image).images
images[0].save("variation_image.png")
```

其實，使用程式清單 4-10 中的方式實現的影像變形效果還不夠理想，很多情況下是「氣質上」比較相似，為了更進一步地控制影像變形，可以為 Stable Diffusion 影像變形模型設置文字描述。程式清單 4-11 所示為使用文字描述對影像變形的生成做出引導。

→ **程式清單 4-11**

```python
from diffusers import StableUnCLIPImg2ImgPipeline
from diffusers.utils import load_image
import torch

# 載入 Stable Diffusion 影像變形模型
pipe = StableUnCLIPImg2ImgPipeline.from_pretrained(
        "stabilityai/stable-diffusion-2-1-unclip", torch_dtype=torch.float16,
        variation="fp16"
)
pipe = pipe.to("cuda")

url = " http://***.com/test.png "
init_image = load_image(url)

images = pipe(init_image).images
images[0].save("variation_image.png")


prompt = "A praying cat"

# 生成影像變形
images = pipe(init_image, prompt=prompt).images
images[0].save("variation_image_two.png")
```

讀者可以執行程式清單 4-10 和程式清單 4-11，對比加入文字描述前後的影像變形生成效果。

4.3.3 探秘 Stable Diffusion 影像變形模型背後的演算法原理

程式清單 4-12 至程式清單 4-14 所示為 Stable Diffusion 影像變形模型的部分原始程式碼。如程式清單 4-12 所示，輸入的影像首先會進入 _encode_image 函數，這個函數負責將輸入影像轉為影像特徵。

➔ 程式清單 4-12

```
# 4. 對輸入影像進行編碼
noise_level = torch.tensor([noise_level], device=device)
image_embeds = self._encode_image(
    image=image,
    device=device,
    batch_size=batch_size,
    num_images_per_prompt=num_images_per_prompt,
    do_classifier_free_guidance=do_classifier_free_guidance,
    noise_level=noise_level,
    generator=generator,
    image_embeds=image_embeds,)
```

接下來，透過程式清單 4-13 進一步分析影像特徵的輸入方式。實際上，影像特徵是在 U-Net 模型每次預測雜訊的過程中輸入的。標準 Stable Diffusion 中 U-Net 模型的輸入包括文字特徵、上一步去除雜訊後的潛在表示以及時間步 t 的編碼。而在 Stable Diffusion 影像變形模型裡，除了這裡提到的 3 項標準輸入，程式中多了「class_labels = image_embeds」這一項（程式清單 4-13 中加粗的部分），這正是它與其他 Stable Diffusion 模型的不同之處。可以這樣理解，Stable Diffusion 影像變形模型的文字描述作用機制和其他 Stable Diffusion 模型的相同，而參考影像的資訊是額外新增的。

4.3 Stable Diffusion 影像變形

→ 程式清單 4-13

```
# 使用 U-Net 模型預測當前時間步的雜訊
noise_pred = self.unet(
    latent_model_input,
    t,
    encoder_hidden_states=prompt_embeds,
    class_labels=image_embeds, # 影像變形的關鍵，輸入了影像特徵
    cross_attention_kwargs=cross_attention_kwargs,
    return_dict=False,
)[0]
```

為了進一步探究 Stable Diffusion 影像變形模型中 U-Net 模型預測雜訊的程式，程式清單 4-14 截取了關於影像特徵（`image_embeds`）使用方式的部分。在程式清單 4-14 中加粗的部分，Stable Diffusion 影像變形模型將影像特徵與時間步編碼相加。透過這種方式，參考影像便可以直接影響生成結果。

→ 程式清單 4-14

```
emb = self.time_embedding(t_emb, timestep_cond)

if self.class_embedding is not None:
    if class_labels is None:
        raise ValueError("class_labels should be provided when num_class_
embeds > 0")

    if self.config.class_embed_type == "timestep":
        class_labels = self.time_proj(class_labels)

    class_emb = self.class_embedding(class_labels).to(dtype=sample.dtype)
    # 將影像特徵與時間步編碼相加
    emb = emb + class_emb
```

至此，終於找到了 Stable Diffusion 影像變形模型背後的秘密。Stable Diffusion 影像變形模型不僅可以輸入參考影像生成變形，同時還能使用文字描述進行引導。這個過程與 DALL·E 2 的影像變形過程截然不同。

4.4 小結

本章帶領讀者穿梭於 AI 影像生成技術的璀璨星空，探索了一系列引領行業發展的影像生成模型。從對 DALL·E 2 的深度解讀到對 Imagen 和 DeepFloyd 的精細比較，再到對 Stable Diffusion 的影像變形模型的介紹，每節都深入揭示了這些模型的核心演算法和獨特功能。

對 DALL·E 2 的探討為讀者揭開了其技術面紗，特別是 unCLIP 模型的影像變形原理，以及它在實際應用中的局限性。本章不僅介紹了 DALL·E 2 的基本功能，還深入分析了它的演算法原理，為讀者理解更先進的模型奠定了基礎。

接著，本章轉向對 Imagen 和 DeepFloyd 的比較，詳細探討了 Imagen 的演算法原理以及它與 DALLE 2 的對比。透過引入 T5 文字編碼器和動態設定值，Imagen 展示了其在 AI 影像生成領域的獨特之處。同時，讀者也了解了開放原始碼模型 DeepFloyd 的原理和應用，以及 Imagen 的升級版 Imagen 2。

最後，本章透過深入分析 Stable Diffusion 影像變形模型，揭示了「圖生圖」與影像變形之間的關鍵差異，並探討了如何有效地使用 Stable Diffusion 影像變形模型，以及它的演算法原理。

探索之旅雖然暫時告一段落，但 AI 影像生成技術的發展仍在繼續，未來會有更多創新和突破等待讀者發現和探索。

5

Midjourney、SDXL 和 DALL·E 3 的核心技術

　　從模型技術是否公開、模型是否開放原始碼的維度，AI 影像生成模型可以分為 3 類：模型技術完全公開、模型也已經開放原始碼，如 Stable Diffusion、DeepFloyd、SDXL 等；模型技術公開，但模型未開放原始碼，如 DALL·E 2/3、Imagen；模型技術未公開，模型保持黑盒狀態對外提供付費服務，如 Midjourney。其中，SDXL、DALL·E 3 和 Midjourney 可以作為時下這 3 類模型的典型代表。在某種意義上，這些典型模型的技術方案和產品想法決定了 AI 影像生成的發展趨勢。本章將探索 SDXL、DALL·E 3 和 Midjourney 的技術方案，主要討論以下 3 個問題。

第 5 章　Midjourney、SDXL 和 DALL·E 3 的核心技術

- Midjourney v4 和 v5 模型背後最有可能的技術方案是什麼？

- 相比於最初的 Stable Diffusion 模型，開放原始碼的 SDXL 模型有哪些改進？

- DALL·E 3 做了哪些改進，又將引領哪些技術趨勢？

5.1 推測 Midjourney 的技術方案

Midjourney 是 AI 影像生成工具，可以搭載在遊戲聊天社區 Discord 上。從 2022 年 11 月的 Midjourney v4、niji·journey，到 2023 年 3 月的 Midjourney v5、2023 年 12 月的 Midjourney v6，Midjourney 憑藉其高品質的生成效果收穫了大量付費訂閱，實現了非常可觀的收入。因此，訓練出對標 Midjourney 的模型也成了很多企業追求的目標。本節根據已經揭露的資訊，推測 Midjourney 背後的技術方案。

5.1.1　Midjourney 的基本用法

在討論技術方案前，先介紹 Midjourney 的基本用法。我們可以在聊天應用與社區平臺 Discord 中使用 Midjourney，不需要本地 GPU 資源，也不需要在本地安裝第三方工具。相比第 6 章要介紹的幾個開放原始碼社區中的模型，Midjourney 模型生成的影像效果在精緻度、影像與文字連結性上都有更顯著的優勢。

Midjourney 的「文生圖」功能支援使用負面描述詞和調整文字權重。例如負面描述詞可以透過 --no 參數指定；文字權重可以透過 :: 後的數值調整。

5.1 推測 Midjourney 的技術方案

以下是 2 個使用 Midjourney v5.2 生成影像的範例。

- 範例 1：創作一幅帶著溫暖、真摯微笑的年輕亞洲女孩的寫實肖像，使用的文字描述為「Create a realistic portrait of a young Asian girl with a warm, genuine smile --ar 2:3」。

- 範例 2：要求影像裡不出現眼鏡和卷冊髮，並對寫實、年輕和微笑都設置了不同的文字權重，使用的文字描述為「Create a realistic::-1.0 portrait of a young::1.5 asian girl with a warm, genuine smile::1.4 -- no glasses curly hair --ar 2:3」。

使用以上兩個範例的文字描述生成的影像效果如圖 5-1 所示。

ideogram效果

文字描述："Create a realistic portrait of a young asian girl with a warm, genuine smile --ar 2:3"

文字描述："Create a realistic::-1.0 portrait of a young::1.5 asian girl with a warm, genuine smile::1.4 --no glasses curly hair --ar 2:3"

▲ 圖 5-1 Midjourney v5.2 的「文生圖」效果

對比生成的兩張影像可以發現，負面描述詞和文字權重都發揮了各自的作用。

5.1.2　各版本演化之路

首先，讓我們思考這樣一個問題：要建立與 Midjourney 一樣的產品，需要多少人手？有些網際網路公司也許會投入數百人以建立類似的產品。然而，在 Midjourney v4 發佈的時候，Midjourney 公司的全職員工還不到 20 人。

回到 2019 年，David Holz 出售了他手中的 Leap Motion 公司，並創立了 Midjourney。David Holz 的技術背景和創業精神為 Midjourney 的發展奠定了堅實的基礎。

到了 2022 年，Midjourney 在 2 月正式發佈了 Midjourney v1，隨後在 4 月發佈了 Midjourney v2、在 7 月發佈了 Midjourney v3，在 11 月則發佈了眾所皆知的 Midjourney v4。到了 2023 年，Midjourney 在 3 月發佈了 Midjourney v5，在 6 月發佈了 Midjourney v5.2，並在 12 月發佈了 Midjourney v6。整理這條時間線可以看出，從發佈 Midjourney v1 到發佈 Midjourney v6，Midjourney 僅用了不到兩年的時間。

以「A half-body photo of a Chinese girl with her cheek resting on her hand, her long hair flowing, wearing a light gray sweater, against a background of golden wheat fields, with her nails painted black, and her eyes looking straight into the camera」作為文字描述，分別使用 Midjourney v1、Midjourney v2、Midjourney v3、Midjourney v4、niji·journey v4、Midjourney v5、Midjourney v5.1、Midjourney v5.2、Midjourney v6 生成影像，Midjourney 各版本發佈的時間及生成的影像效果對比，如圖 5-2 所示。從這個例子可以看出，雖然 Midjourney 的影像生成能力在持續提升，但仍不能 100% 根據文字描述進行影像生成，例如文字描述中「with her nails painted black」（黑色指甲）在生成影像中沒有表現。

5.1 推測 Midjourney 的技術方案

Midjourney v1 2022年2月	Midjourney v2 2022年4月	Midjourney v3 2022年7月
Midjourney v4 2022年11月	niji·journey 2022年4月	Midjourney v5 2023年3月
Midjourney v5.1 2023年5月	Midjourney v5.2 2023年6月	Midjourney v6 2023年12月

▲ 圖 5-2 Midjourney 各版本發佈的時間及生成影像的效果對比

透過分析 Midjourney 各版本的 AI 影像生成效果，並查閱相關的公開資料，我們概括從 Midjourney v1 到 Midjourney v5 的模型升級路徑。

Midjourney v1 生成影像的細節和真實感都存在明顯不足，從今天的角度看，Midjourney v1 只能算是一個可用性較低的 AI 影像生成模型。

5-5

第 5 章　Midjourney、SDXL 和 DALL·E 3 的核心技術

　　Midjourney v2 在圖文一致性方面獲得了顯著提升，生成影像的整體品質也有所改進，但在臉部、手部等細節的生成上仍存在瑕疵。

　　Midjourney v3 引入了新的影像超解析度演算法，加強了高解析度影像的生成能力，同時支援調節風格化強度，以滿足不同使用者的審美需求。

　　Midjourney v4 生成的影像品質有了長足的進步，此時 Midjourney 開始為人們所熟知。Midjourney v4 不僅確立了獨特的畫風，而且在處理細節方面的能力明顯超越了同時期的 Stable Diffusion 模型。以「Elegant woman in Victorian attire, poised, sipping tea on a chaise lounge, sunset lighting, contemplative gaze」作為文字描述，使用 Midjourney v4 和同時期的 Stable Diffusion 模型生成的影像效果對比，如圖 5-3 所示。

▲ 圖 5-3　使用 Midjourney v4 與同時期的 Stable Diffusion 模型生成的影像效果對比

niji·journey v4 是一個專注於動漫風格生成的模型，它是 Midjourney 引入了大量的「二次元」資料並對 Midjourney v4 模型進行微調的結果。niji·journey v4 模型更擅長生成各種動漫風格的影像，如新海誠風格、美國漫畫風格等。

Midjourney v5 生成的影像品質再次獲得了提升，對手部、臉部細節的處理有了顯著改進，影像與文字描述的一致性也更好。

Midjourney v5.1 生成的影像在風格和內容上更為協調，相較於 Midjourney v5 在文字描述理解能力上有了顯著提升，同時支援使用 --tile 參數建立重複影像模式。

Midjourney v5.2 生成的影像更精細、清晰度更高。相較於之前的版本，Midjourney v5.2 在文字描述處理方面稍有改善，並且在生成影像風格的控制上更靈活。

Midjourney v6 表現了更加細膩的影像生成能力，它和同時期的 Imagen 2、DALL·E 3 模型一樣，增強了模型處理長文字描述的能力。

與 niji·journey v4 的訓練方式類似，niji·journey v5 和 niji·journey v6 分別在 Midjourney v5 和 Midjourney v6 基礎上，使用動漫風格資料進行的模型微調。

5.1.3 技術方案推測

毫無疑問，Midjourney 的技術方案細節只為少數人所知。但透過已揭露的資訊，我們仍可以挖掘出這個模型的關鍵線索。

- 線索 1：擴散模型擊敗 GAN。2021 年 5 月，OpenAI 的兩位研究人員 Prafulla Dhariwal 和 Alex Nichol 發表了一篇名為「Diffusion Models Beat GANs on Image Synthesis」的論文，闡述了擴散模型在影像生成任務上的潛力。在 2022 年 11 月的一次對 Midjourney CEO 的訪談中，

第 5 章　Midjourney、SDXL 和 DALL·E 3 的核心技術

David Holz 透露公司受到擴散模型技術的啟發，在 2021 年 7 月開發出了第一個模型。據此推斷，Midjourney 公司可能正是受到這篇論文的啟發，開始了對 AI 影像生成模型的探索之旅。

- 線索 2：Disco Diffusion 的影響。Midjourney 公司的核心成員之一 Maxwell Ingham，曾參與知名開放原始碼 AI 影像生成模型 Disco Diffusion 的開發。Disco Diffusion 採用了 CLIP 模型作為文字描述引導的擴散模型。將 Midjourney 早期版本的影像生成效果與 Disco Diffusion 的影像生成效果對比，如圖 5-4 所示，可以發現，Midjourney 早期版本和 Disco Diffusion 在風格上有著驚人的相似性。

- 線索 3：Midjourney v4 的發佈時機與設計想法選擇。David Holz 在採訪中提到，Midjourney v4 雖然採用了全新的程式實現，但並非所有模組都是重新訓練的。他還明確指出，基礎模型是擴散模型，且融合了 CLIP 技術。考慮到同時期其他關鍵工作的時間線—DALL·E 2 的論文「Hierarchical Text-Conditional Image Generation with CLIP Latents」於 2022 年 4 月發表，Imagen 的論文「Imagen: Photorealistic Text-to-Image Diffusion Models with Deep Language Understanding」於 2022 年 5 月發表，而 Stable Diffusion 模型於 2022 年 8 月開放原始碼，我們可以大膽推測，Midjourney v4 可能參考了 DALL·E 2 和 Imagen 的設計想法。

- 線索 4：Midjourney v4 的能力與不足。除上述線索，Midjourney 自身的 AI 影像生成能力也提供了重要資訊。舉例來說，Midjourney 模型在影像疊加（墊圖）方面表現出色，Midjourney 的「圖生圖」功能可以生成穿著特定衣物的人物影像，這是同時期的 Stable Diffusion 模型難以實現的。另外，Midjourney v4 和 v5 模型都不能在影像中準確寫入文字。以「A beautifully crafted wooden sign with "deep learning is interesting"」作為文字描述，圖 5-5 對比了經典 AI 影像生成模型 DeepFloyd IF、SDXL 1.0、ideogram、Midjourney v4 在影像中寫入

5.1 推測 Midjourney 的技術方案

文字的能力。在 4.2 節中討論了 T5-XXL 模型和 CLIP 文字編碼器的差異，前者具有更多的參數量和更強的文字特徵提取能力。通常使用 T5-XXL 作為文字編碼器的模型可以處理在影像中寫入文字的任務，比如 DeepFloyd IF、Imagen 和 DALL·E 3 等。從圖 5-5 中可以看出，Midjourney v4 並不擅長在影像中寫入文字，因此可以大膽推測，Midjourney v4 使用的文字編碼器是 CLIP。

（a）Midjourney 早期版本　　　　　（b）Disco Diffusion

▲ 圖 5-4　Midjourney 早期版本和 Disco Diffusion 的影像生成效果對比

A beautifully crafted wooden sign with "deep learning is interesting"

▲ 圖 5-5　在影像中寫入文字的能力對比

5-9

第 5 章　Midjourney、SDXL 和 DALL·E 3 的核心技術

既然 Stable Diffusion 影像變形模型能夠生成影像變形，並且 Stable Diffusion 不擅長在影像中寫入文字，Midjourney 是否有可能採用了 Stable Diffusion 的技術方案？推測 Midjourney 並未直接採用 Stable Diffusion 的技術方案，主要原因有以下兩個。

- Stable Diffusion 影像變形模型的發佈時間晚於 Midjourney v4 的，而 Midjourney v4 已經實現了墊圖功能。

- Stable Diffusion 在 VAE 潛在空間的加入雜訊、去除雜訊過程中，生成小臉、複雜背景等影像時存在明顯瑕疵，Midjourney 在這方面的表現則更為出色。

綜上分析，Midjourney 背後的技術方案已經初現端倪。我們可以推測出 Midjourney 背後的技術方案的演化歷程如下。

- 2021 年 5 月，擴散模型在影像生成效果上首次超越了 GAN。Midjourney 公司捕捉到了這個趨勢，並以此為基礎啟動了 Midjourney v1 模型的研發。

- 2022 年 2 月，經過超過半年的資料累積和技術實踐，同時汲取了 Disco Diffusion 的經驗與技術，Midjourney 推出了 Midjourney v1 模型。其後續的 Midjourney v2 和 Midjourney v3，應該也沿用了相似的技術方案。

- 2022 年 4 月至 2022 年 5 月，隨著 DALL·E 2 和 Imagen 等 AI 影像生成模型的相繼發佈，以及它們背後的技術方案逐漸公開，Midjourney 公司及時調整了自己的技術方案。Midjourney 公司利用已累積的大量資料和豐富的訓練經驗，迅速參考了 DALL·E 2 等模型的核心設計想法。Midjourney v4 模型很可能就是在這樣的背景下誕生的。

5.1 推測 Midjourney 的技術方案

- 2022 年 11 月至 2023 年 3 月，Stable Diffusion 技術的開放原始碼催生了各類 AI 影像生成模型的激增。Midjourney 在繼續吸取行業內的有用經驗，並累積高品質資料的同時，保留了 Midjourney v4 模型的技術方案，進而開發出了 Midjourney v5 模型。

- 2023 年 3 月至 2023 年 12 月，受到 DALL·E 3 等工作的啟發，Midjourney 加強對訓練資料的影像標題的最佳化，完成了 Midjourney v6 模型的開發和發佈。

了解了 Midjourney 背後的技術方案的演化歷程後，可以從中得到以下 3 點重要啟發。

- 資料的重要性不言而喻。Midjourney 公司在過去幾年中收集並標注了大量高品質的資料，這為其發佈的 Midjourney 模型的 AI 影像生成技術的卓越表現提供了堅實基礎。對於行業的後來者，要在短時間內累積同樣規模和品質的資料，無疑是一項艱鉅的挑戰。

- 持續關注新技術的動態至關重要。從初始論文「Diffusion Models Beat GANs on Image Synthesis」到後來的 DALL·E 2 的論文「Hierarchical Text-Conditional Image Generation with CLIP Latents」和 Imagen 的論文「Imagen: Photorealistic Text-to-Image Diffusion Models with Deep Language Understanding」，Midjourney 始終保持對行業新技術的動態的敏銳洞察力。這些技術方案為 Midjourney 提供了快速參考和應用的可能，特別是將技術方案參考和應用在其龐大的優質資料集上。

- 專注和堅持是成功的關鍵。Midjourney 的成功證明，打造行業領先的 AI 影像生成模型並非必須依賴龐大的演算法團隊，關鍵在於專注於 AI 影像生成領域，並持續不斷地收集資料和探索新技術方案。

第 5 章　Midjourney、SDXL 和 DALL·E 3 的核心技術

對於仍在努力追趕 Midjourney 的企業，從其發展路徑中吸取經驗至關重要。

要訓練出高品質的 AI 影像生成模型，核心在於資料和方法的準確選擇。即使使用相同的程式，如果資料不同，例如分別使用從網際網路抓取的 LAION-5B 資料集與專門篩選的高品質資料集，最終訓練得到的 AI 影像生成模型品質也將大不相同。對於期望打造高品質、垂直領域 AI 影像生成模型的團隊，目前的最佳策略之一是找到優秀的開放原始碼 AI 影像生成模型，並用高品質資料集對其進行微調。

未來，或許還會出現類似 Midjourney 這樣的「技術方案相對隱蔽」的模型。在分析其技術方案時，可以參考本節使用的以下推理方法。

- 檢查產品所宣稱的技術背景，了解哪些技術在當前較為流行且已開放原始碼。
- 從產品團隊透露的細節中搜集線索，進一步縮小可能的技術範圍。
- 最重要的方法之一是，觀察產品呈現的優勢和不足，判斷其最可能採用的技術方案。

5.2　SDXL 的技術方案與使用

SDXL 模型也被使用者戲稱為「神雕俠侶」。如果認為 Stable Diffusion 影像變形模型的目標是對標 DALL·E 2 的影像變形功能，SDXL 模型則用來對標 Midjourney v4 和 Midjourney v5 的影像生成能力。

在 SDXL 推出前，雖然各種 Stable Diffusion 模型及微調後的模型在 Hugging Face、Civitai 等社區備受推崇，但遺憾的是，它們的影像生成效果始終和 Midjourney v4、Midjourney v5 的有很大差距。於是，Stability AI 公司採用「大力出奇蹟」的方案，開發了 SDXL 模型。

5.2.1 驚豔的繪圖能力

2023 年 6 月，SDXL 0.9 正式發佈，一個月後 SDXL 1.0 正式發佈。SDXL 1.0 與 DeepFloyd IF、ideogram、DALL·E 3、Midjourney v6、Midjourney v4 的影像生成效果對比如圖 5-6 所示。

從上向下，圖 5-6 中各模型生成影像所用到的文字描述如下。

- A half-body photo of a Chinese girl with her cheek resting on her hand, her long hair flowing, wearing a light gray sweater, against a background of golden wheat fields, with her nails painted black, and her eyes looking straight into the camera.

- A dragon fruit wearing karate belt in the snow.

- In a fantastical realm, a detailed furry humanoid corgi with oversized, expressive eyes and sunset-orange fur stands on two legs. Dressed in an exotic jacket adorned with ancient runes and a necklace of rare crystals, it wields an enchanted staff topped with a glowing orb and arcane script.

- Photograph of a red ball on the top of a blue cube.

- A beautiful crafted wooden sign with "deep learning is interesting".

- A robot couple fine dining with Eiffel Tower in the background.

- In a realm where mountains are made of piled words and seas filed with endless meetings, a surreal landscape symbolizes the overload of information and discussion.

對比圖 5-6 中各模型的影像生成效果可以看出，相比於 Midjourney v4、ideogram 和 DeepFloyd IF 等模型，SDXL 1.0 模型的影像生成能力毫不遜色。

第 5 章　Midjourney、SDXL 和 DALL·E 3 的核心技術

| DeepFloyd IF | SDXL 1.0 | ideogram | DALL·E 3 | Midjourney v6 | Midjourney v4 |

▲ 圖 5-6　SDXL 1.0 與其他模型的影像生成效果的對比

5.2.2 使用串聯模型提升效果

了解了 SDXL 的影像生成能力，再探討它的演算法原理。SDXL 採用串聯模型的方式完成影像生成。串聯模型就是將多個模型按照順序串聯，其目的是完成更複雜的任務。SDXL 在 VAE 的潛在空間進行加入雜訊、去除雜訊操作，相比於 Stable Diffusion 1.4、Stable Diffusion 1.5 等模型只使用一個 U-Net 模型，SDXL 將 Base 模型和 Refiner 模型兩個 U-Net 模型進行串聯，Refiner 模型得到的潛在表示經過 VAE 解碼器後得到最終影像效果。SDXL 的基本演算法原理如圖 5-7 所示。

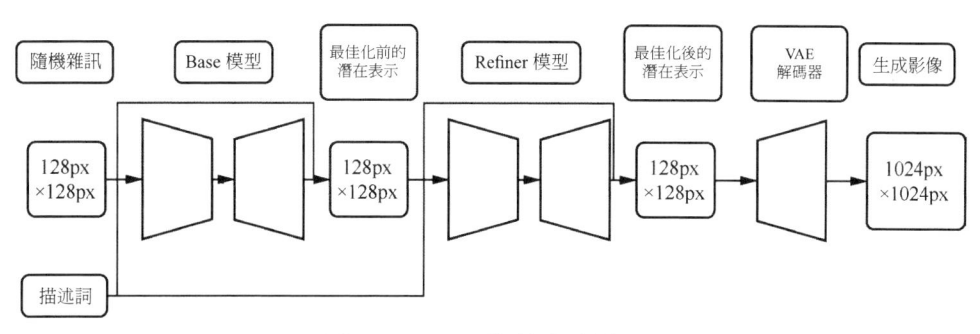

▲ 圖 5-7 SDXL 的基本演算法原理

Stable Diffusion 1.x 系列模型的潛在表示的維度是 $64×64×4$，而 SDXL 為了生成更清晰的影像，直接在維度是 $128×128×4$ 的潛在表示上進行去除雜訊計算。Base 模型的整體想法和 Stable Diffusion 模型的一致，不過它更換了更強的 CLIP、VAE 模型，使用了更大的 U-Net 模型。

Base 模型去除雜訊後的潛在表示也使用了較少的加入雜訊步數（如 200 步）進行加入雜訊，並對 Refiner 模型進行訓練。Refiner 模型的作用類似於「圖生圖」功能：Base 模型已經生成了清晰的影像，預設尺寸是 1024px×1024px；然後給這張影像加入少許雜訊，Refiner 模型負責二次去除這些雜訊。使用較少的加入雜訊步數是為了避免加入雜訊成純粹的雜訊圖，否則就很難保留 Base 模型生成的影像的「繪畫成果」了。總之，引入 Refiner 模型，可以進一步提升 AI 影像生成的效果。經過 Refiner 模型得到的潛在表示，在經過 VAE 解碼器後得到 1024px×1024px 的影像。

5.2.3 更新基礎模組

SDXL 模型沒有沿用 Stable Diffusion 1.x 和 Stable Diffusion 2.x 模型中使用的 VAE 模型，而是基於同樣的模型架構，使用更大的訓練批次重新訓練 VAE。從 3.1 節的討論可知，VAE 的影像恢復能力決定了 Stable Diffusion 模型生成影像的品質，未經過單獨調優的 VAE 並不擅長處理小臉影像和影像細節的恢復。而 SDXL 單獨訓練的 VAE 模型，在各種影像生成評測任務中生成影像的品質都有明顯提升，評測指標如表 5-1 所示，PNSR、SSIM 指標越高代表 VAE 的影像恢復能力越強、生成影像的品質越好，LPIPS、rFID 指標越低代表 VAE 的影像恢復能力越強、生成影像的品質越好。

▼ 表 5-1 SDXL 重新訓練的 VAE 模型效果

模型名稱	PNSR	SSIM	LPIPS	rFID
SDXL-VAE	24.7	0.73	0.88	4.4
Stable Diffusion-VAE 1.x	23.4	0.69	0.96	5.0
Stable Diffusion-VAE 2.x	24.5	0.71	0.92	4.7

下面介紹 CLIP。Stable Diffusion 1.x 系列使用的是 CLIP ViT-L/14 模型，該模型來自 OpenAI，參數量是 123M。而 Stable Diffusion 2.x 系列將文字編碼器升級為 OpenCLIP 的 ViT-H/14 模型，該模型的參數量是 354M。SDXL 更進一步，使用了兩個文字編碼器，分別是 OpenCLIP 推出的參數量為 694M 的 ViT-bigG/14 模型和 OpenAI 的 ViT-L/14 模型。在實際使用中，分別提取這兩個文字編碼器倒數第二層的特徵，將 1280 維特徵（Vit-bigG/14）和 768 維特徵（ViT-L/14）進行拼接，得到 2048 維文字特徵。

將兩個不同的 CLIP 模型組合使用，有以下兩個原因。

5.2 SDXL 的技術方案與使用

- 不同 CLIP 模型具有不同的文字特徵提取能力,將它們組合使用可以形成能力互補。

- 在 4.2 節中透過對比 T5 模型和 CLIP 模型可以得出初步結論,更大的模型通常表示更強的文字特徵提取能力,從而為 AI 影像生成模型帶來更強的指令理解能力。

在實際工作中,可以參考 SDXL 將不同 CLIP 模型組合使用的經驗,將中文 CLIP 和英文 CLIP 模型組合使用,幫助 AI 影像生成模型同時理解中文文字描述和英文文字描述。

現在再分析 SDXL 中的 U-Net 模型結構,如圖 5-8 所示。相比於 Stable Diffusion 1.x 模型的 U-Net 模型,SDXL 中包含交叉注意力機制的下採樣模組只有兩層,U-Net 模型的最小的潛在表示尺寸也從 8px×8px 提升到了 32px×32px。同時,在下採樣模組內部,SDXL 也使用了更多層的 Transformer 結構。

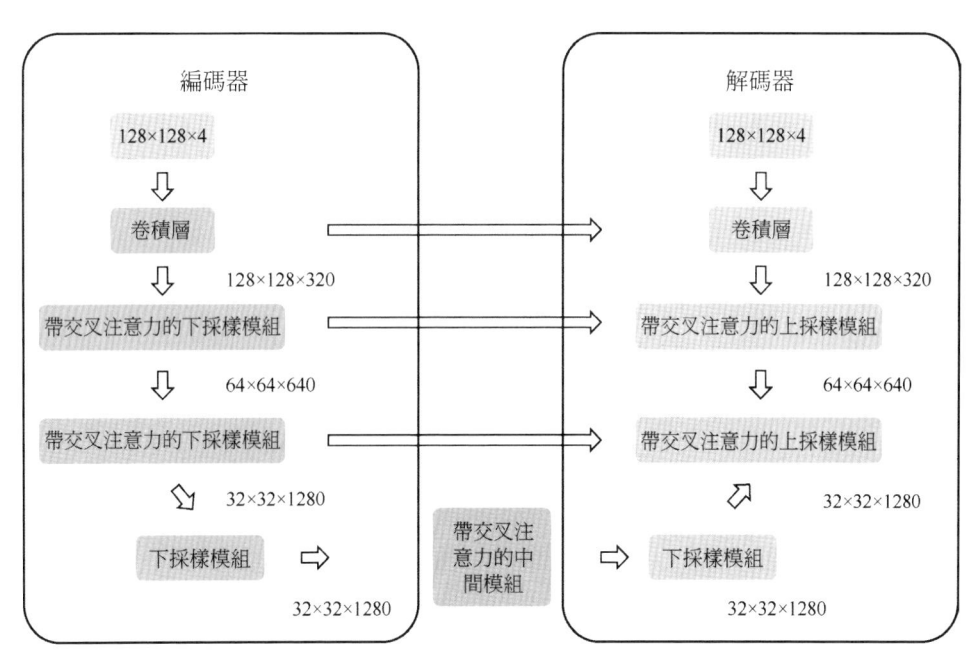

▲ 圖 5-8 SDXL 中的 U-Net 模型結構

總結上述內容，SDXL 使用「大力出奇蹟」的訓練策略，不僅使用串聯模型替代了單一的 U-Net 模型，還更新了 VAE 模型和 CLIP 模型，同時為 U-Net 模型引入了更多模型參數。表 5-2 所示為 SDXL 模型和 Stable Diffusion 1.x、Stable Diffusion 2.x 系列的模型結構對比。

▼ 表 5-2 SDXL 與其他 Stable Diffusion 模型結構對比

模型	SDXL	Stable Diffusion 1.x	Stable Diffusion 2.x
U-Net 模型參數量	2.6B	860M	865M
文字編碼器	CLIP ViT-L/14 & OpenCLIP ViT-bigG/14	CLIP ViT-L/14	OpenCLIP ViT-H/14
特徵維度	2048	768	1024

可以看出，SDXL 的 U-Net 模型的參數量為 2.6B，是其他 Stable Diffusion 模型的 3 倍左右。但該 U-Net 模型相比於 DeepFloyd IF 模型的參數量為 4.3B 的 U-Net 模型，還是「小巫見大巫」。

5.2.4 使用 SDXL 模型

同 Stable Diffusion 影像變形模型一樣，SDXL 模型也可以透過 ClipDrop 和寫程式兩種方式體驗。對於第一種方式，開啟 ClipDrop 後選擇 SDXL 功能並寫入文字描述，稍加等待便可以完成影像生成。

程式清單 5-1 所示為透過寫程式使用 SDXL 1.0 模型實現「文生圖」的方式。在這段程式中，首先從官方倉庫下載 SDXL 1.0 對應的模型。然後，SDXL 1.0 模型根據輸入的文字描述完成影像生成。可以看到，程式中載入了 Base 和 Refiner 兩個擴散模型，AI 影像生成的過程也是使用這兩個模型透過「接力」的方式進行的。

5.2 SDXL 的技術方案與使用

→ 程式清單 5-1

```python
from diffusers import StableDiffusionXLPipeline, StableDiffusionXLImg2ImgPipeline
import torch

# 下載並載入 SDXL 1.0 的 Base 模型，若未來 SDXL 模型更新版本，需要根據實際情況替換版本編號
pipe = StableDiffusionXLPipeline.from_pretrained(
        "stabilityai/stable-diffusion-xl-base-1.0", torch_dtype=torch.float16,
         variant="fp16", use_safetensors=True
)
pipe.to("cuda")

# 下載並載入 SDXL 1.0 的 Refiner 模型，若未來 SDXL 模型更新版本，需要根據實際情況替換版本編號
refiner = StableDiffusionXLImg2ImgPipeline.from_pretrained(
            "stabilityai/stable-diffusion-xl-refiner-1.0", torch_dtype=torch.float16,
             use_safetensors=True, variant="fp16"
)
refiner.to("cuda")

prompt = "ultra close-up color photo portrait of a lovely corgi"

use_refiner = True
# 使用 Base 模型生成影像
image = pipe(prompt=prompt, output_type="latent" if use_refiner else "pil").
images[0]

# 使用 Refiner 模型生成影像
image = refiner(prompt=prompt, image=image[None, :]).images[0]
```

圖 5-9 所示為 Base 模型和 Refiner 模型生成的影像效果。

（a）SDXL-Base　　　　　　　　（b）SDXL-Refiner

▲ 圖 5-9　SDXL 的 Base 模型和 Refiner 模型生成效果

可以看到，在生成影像效果上，Base 模型和 Refiner 模型都不錯，而在細節上 Refiner 模型更勝一籌。

事實上，SDXL 0.9 相當於測試版，Stability AI 公司根據使用者體驗回饋針對性地補充了訓練資料，同時還引入了人類回饋強化學習（Reinforcement Learning with Human Feedback，RLHF）技術，才完成 SDXL 模型的最佳化。

RLHF 技術的關鍵在於利用人類的經驗來指導和改進 AI 的學習過程，該技術對於難以僅靠資料和演算法捕捉到的複雜、微妙或高度主觀的任務尤為有效。在影像生成任務中，讓人類藝術家評價 AI 生成的畫作，並根據這些評價調整 AI 影像生成模型，使之能夠生成更符合人類審美的藝術作品。

5.3 更「聽話」的 DALL·E 3

時隔一年半，在 2023 年 9 月 OpenAI「悄悄」發佈了 DALL·E 3 AI 影像生成模型。相比 Midjourney v5.2、SDXL 等當時的優秀模型，DALL·E 3 在長文字的「文生圖」、在影像中寫入文字等方面展現了顯著優勢。

緊接著在 10 月，OpenAI 公開了 DALL·E 3 的技術報告，DALL·E 3 背後所用的技術方案也終於公之於眾，刷新了演算法工程師對 AI 影像生成模型的理解。

DALL·E 3 有以下兩方面的探索值得關注。

- 如何用生成資料訓練模型。
- 如何將各種 AI 影像生成模型訓練技巧有機地組合。

近兩年 AI 影像生成領域圍繞能否使用生成資料訓練大型模型的話題一直爭論不休。自助引導語言 - 影像預訓練（Bootstrapping Language-Image Pre-training，BLIP）這類模型為影像生成的描述，無論是用於訓練「文生圖」模型，還是訓練類似 GPT-4V 的圖文問答模型，都沒有帶來顯著的收益。如今，DALL·E 3 的成功無疑證實了生成資料用於模型訓練的可行性，也將引領下一波用生成資料最佳化 AI 影像生成模型的趨勢。

5.3.1 體驗 DALL·E 3 的功能

體驗 DALL·E 3 的功能需要使用 OpenAI 提供的服務。openaI 工具套件和金鑰的使用方式參見 4.1.1 節的說明。透過程式清單 5-2 便可以使用 DALL·E 3 的影像生成功能。

→ 程式清單 5-2

```
from openai import OpenAI

client = OpenAI()
# 使用「文生圖」功能
response = client.images.generate(
  model="dall-e-3",
  prompt="A dragon fruit wearing karate belt in the snow",
  size="1024x1024",
  quality="standard", # 如使用 hd 模式,將消耗更多詞元
  n=1,
)

image_url = response.data[0].url
```

在相同的文字描述下分別使用 DALL·E 2、Imagen、Midjourney 和 DALL·E 3 模型生成影像,對比影像效果後可以得出一個初步結論:相較於 DALL·E 2、Imagen、Midjourney 模型,DALL·E 3 模型在影像生成能力、提示跟隨能力上有較大提升,尤其擅長處理在影像中寫入文字的任務、長文字的「文生圖」任務。

DALL·E 3 能力的提升主要源自更好的資料策略,同時丟棄 DALL·E 2 所採用的 unCLIP 結構,選擇在 Stable Diffusion 方案的基礎上做出訂製化改進。

5.3.2 資料集重新描述

雖然 Stable Diffusion 模型的「文生圖」效果在不斷提升,但是在使用 Stable Diffusion 時,還是會經常遇到生成影像很難準確遵循文字描述的情況,也就是模型「不夠聽話」。這本質上是由於訓練資料主要源自網際網路,這些資料存在圖文一致性差的問題。

DALL·E 3 論文的作者認為模型「不夠聽話」的問題主要是訓練資料造成的,具體來說,訓練資料至少存在以下 4 個問題。

5.3 更「聽話」的 DALL·E 3

- 原始影像標題通常只關注影像主體部分而忽略細節，如廚房中的水槽、人行道的標誌牌。

- 原始影像標題對影像物體的位置、數量等的描述往往不準確。

- 原始影像標題對影像物體的顏色、大小等常識性知識的描述存在缺失。

- 原始影像標題通常不會描述影像中展示的文字內容。

如果原始影像標題的內容更完整，訓練出的 AI 影像生成模型可能更「聽話」。正是基於這樣的考量，DALL·E 3 使用了資料集重新描述（Dataset Recaptioning）策略，也就是丟棄原始影像標題，用專門的模型生成更準確的影像描述。

那麼具體要用什麼模型生成影像描述呢？在 DALL·E 3 發佈前常用的模型是 BLIP、DeepDanbooru 等。這些模型生成的影像描述存在一定問題：BLIP 生成的影像描述像一個模子裡刻出來的，通常是一句簡單的話；DeepDanbooru 這類模型生成的影像描述通常是一系列標籤短語。所以使用這些模型時，需要使用「1girl」這類奇奇怪怪的文字描述。

既然常用的模型不能生成理想的影像描述，DALL·E 3 便重新訓練了描述生成模型。訓練過程分為預訓練和模型微調兩個階段。

在預訓練階段，使用 CLIP 影像編碼器提取的影像特徵作為輸入，使用源自網際網路的原始影像標題作為目標輸出，透過自迴歸的方式進行影像描述生成，也就是每次預測下一個詞元。

由於用於訓練的目標輸出存在前面提到的 4 個問題，預訓練模型為影像生成的影像描述同樣存在這 4 個問題。因此，DALL·E 3 論文的作者提出需要對預訓練模型進行第二階段的微調。預訓練模型的目的是使用大量資料讓模型具備基本的影像理解能力，微調的目的則是透過少量資料讓模型輸出資訊豐富的影像描述。

第 5 章　Midjourney、SDXL 和 DALL·E 3 的核心技術

在模型微調階段，問題的關鍵還是如何建構高品質的訓練語料，DALL·E 3 論文的作者使用兩種不同的標題語料得到兩個影像描述生成模型。第一個模型使用的語料僅包含影像主體內容描述，第二個模型使用的語料則包含內容翔實的影像內容描述，包括文字資訊、顏色細節等。這個階段的訓練過程和預訓練階段的相同，兩個影像描述模型生成的影像描述分別被稱為短合成描述（Short Synthetic Captions，SSC）和詳細合成描述（Descriptive Synthetic Captions，DSC）。

雖然 DALL·E 3 論文中沒有說明這兩份訓練語料是如何獲得的，我們還是可以大膽猜測，這兩份訓練語料是由 GPT-4V 模型生成的。我們透過 GPT-4V 模擬這個過程。首先上傳一張影像，然後要求 GPT-4V 生成兩個影像描述，對應 DALL·E 3 論文中的短合成描述和詳細合成描述。圖 5-10 所示為使用 GPT-4V 模擬生成短合成描述和詳細合成描述的效果，對比 DALL·E 3 論文舉出的樣例，可以發現影像描述在顆粒度上非常相似。

原始影像標題
magic dog

短合成描述 (使用 GPT-4V 模型)
a corgi dressed as a wizard holding a staff

詳細合成描述 (使用 GPT-4V 模型)
An intricately detailed furry humanoid corgi standing amidst ethereal surroundings. Clad in an elegant, regal attire, the figure holds a radiant staff, while their posture exudes a sense of wisdom and power, suggesting they are a guardian or sage within this fantastical realm.

▲ 圖 5-10　使用 GPT-4V 模擬生成短合成描述和詳細合成描述

既然 OpenAI 能用自家的 GPT-4V 輸入影像以生成短合成描述和詳細合成描述，為什麼不直接用 GPT-4V 為所有訓練資料生成影像描述，而是捨近求遠，微調一個單獨的描述生成模型呢？推測 OpenAI 這樣做主要還是出於對成本的

考慮。GPT-4V 為一張影像生成描述需要的參數量是巨大的。相比之下，一個單獨的影像描述生成模型對應的參數量要少得多。

5.3.3 生成資料有效性

完成了對影像資料的重新描述，下一步就是驗證生成資料的有效性，需要透過實驗回答以下兩個問題。

- 問題 1：使用生成資料是否會影響 AI 影像生成模型的最終表現？
- 問題 2：生成資料和真實資料的最佳混合比例是多少？

針對問題 1，DALL·E 3 論文的作者設計了 3 個實驗，僅使用真實資料訓練「文生圖」模型、使用 95% 的短合成描述訓練「文生圖」模型和使用 95% 的詳細合成描述訓練「文生圖」模型，測試集為 50000 筆未參與訓練的真實文字描述、短合成描述和詳細合成描述。評估「文生圖」任務的表現時，使用 CLIP 模型計算文字描述和生成影像的圖文一致性。具體來說，就是用 CLIP 的影像編碼器提取影像特徵，文字編碼器提取文字特徵，然後計算它們歸一化之後的餘弦相似度，用 1 減去餘弦相似度便是餘弦距離。餘弦距離越小，表示圖文一致性越強，也就代表了 AI 影像生成模型越「聽話」。餘弦距離的計算如程式清單 5-3 所示。DALL·E 3 論文中的實驗結果表明，使用詳細合成描述進行「文生圖」訓練，測試時圖文一致性更強。

➜ 程式清單 5-3

```
import numpy as np

def cosine_distance(a, b):
    dot_product = np.dot(a, b)
    norm_a = np.linalg.norm(a)
    norm_b = np.linalg.norm(b)
    cosine_similarity = dot_product / (norm_a * norm_b)

    # 由於精度問題，有時候 cosine_similarity 可能略大於 1，所以使用 clip 進行截取操作
```

```
    cosine_similarity = np.clip(cosine_similarity, -1.0, 1.0)

    cosine_distance = 1.0 - cosine_similarity

    return cosine_distance

# 使用範例
a = np.array([1,2,3])
b = np.array([4,5,6])

print(cosine_distance(a, b))
```

5.3.4 資料混合策略

針對 5.3.3 節的問題 2，既然生成資料比真實資料更優質，那麼讀者自然會想到這樣一個問題—在訓練的時候能否只使用生成資料？答案是不能。這是因為，如果只使用生成資料，模型很容易過擬合到某個不知道的範式上，例如首字母必須大寫、文字描述必須以句點結尾等，這些範式與使用的描述生成模型息息相關。在這種情況下，使用者自己寫文字描述進行 AI 影像生成的時候，由於不滿足訓練資料的範式，「文生圖」的效果就會大打折扣。針對這個問題，DALL·E 3 舉出了以下兩個有趣的解決想法。

- 解決想法 1：既然網際網路影像的文字描述多數是人工撰寫的，那麼就讓模型既學習生成資料，也學習真實資料，即使真實資料品質不高。DALLE 3 論文中設計了多組詳細合成描述資料和真實資料的混合實驗，在實驗中詳細合成描述資料的佔比分別為 65%、80%、90%、95% 等，仍舊使用 CLIP 影像和文字特徵的餘弦距離評估圖文一致性。實驗結果表明，詳細合成描述資料佔比為 95% 的實驗訓練得到的模型效果最好。DALL·E 3 的模型便是使用這個資料佔比訓練得到的。

- 解決想法 2：使用 ChatGPT 對使用者輸入的文字描述「擴寫」，DALL·E 3 論文中稱之為「upsampled」。擴寫後的文字描述不僅包含

5.3 更「聽話」的 DALL·E 3

更多細節資訊,而且能夠幫助模型處理複雜的邏輯關係。「擴寫」前後的生成效果對比如圖 5-11 所示,原始的文字描述比較簡短,使用其生成的影像的細節較少,而使用擴寫後的文字描述生成的影像的細節更為豐富。

原始文字描述:A bird scaring a scarecrow.

原始文字描述:Mountain is made of books.

擴寫文字描述:In the calm countryside bathed in the soft light of a setting sun, imagine an inverted power dynamic taking place in a field. A brightly colored, imposing bird, maybe a raven or a falcon, perched on a rickety wooden fence, is frightening a tattered scarecrow. The scarecrow, stuffed with straw and dressed in old, worn-out clothes, stands tall on its post in the middle of a golden wheat field but looks comically terrified, it's painted rosy cheeks contrasting starkly with its wide-eyed surprise.

擴寫文字描述:Imagine a spectacular mountain landscape. However, this is no ordinary mountain. Instead, it's composed entirely of books. Varying sizes, shapes and book cover colors make up the intricate details of the majestic mountain. The light of the setting sun transforms these book-mountains into an enchanting scene, casting a warm glow on the novel peaks and valleys. A light breeze makes the pages rustle, adding a unique personality to this extraordinary scene. Depict this mesmerizing image of a book mountain in a natural setting, suffused with the serene magic of the twilight.

▲ 圖 5-11 文字描述「擴寫」前後的生成效果對比

關於「擴寫」有效的原因，一種可能的解釋是詳細合成描述和短合成描述的訓練資料同樣是用 ChatGPT 生成的，所以使用 ChatGPT 對使用者提供的文字描述進行「擴寫」，也是為了讓 DALL·E 3 的輸入文字描述更加貼近訓練資料的範式，避免模型出現「翻車」的現象。

5.3.5 基礎模組升級

DALL·E 2 使用的是 unCLIP 結構，DALL·E 3 沒有使用這種結構，而是參考了 Stable Diffusion 的想法，引入了 VAE 模型，在潛在空間進行加入雜訊和去除雜訊。在 DALL·E 3 中，VAE 的編碼器對訓練影像進行 8 倍下採樣，在 256px×256px 的影像上進行訓練，得到 32px×32px 的潛在表示，提升了擴散模型的訓練效率。

同時，DALL·E 3 將 DALL·E 2 的 CLIP 文字編碼器換成了 Google 的 T5-XXL 模型。但是實際測試結果表明，DALL·E 3 在影像中寫入文字的能力要明顯強於 DeepFloyd 這類同樣使用 T5-XXL 進行文字編碼的模型。推測背後的原因仍舊是詳細合成描述資料本身包含訓練影像中的文字，資料品質的提升讓 DALL·E 3 能更進一步地發揮 T5-XXL 的能力。

此外，DALL·E 3 還升級了時間步編碼的作用機制。圖 5-12 所示為 DALL·E 3 中

5.3 更「聽話」的 DALL·E 3

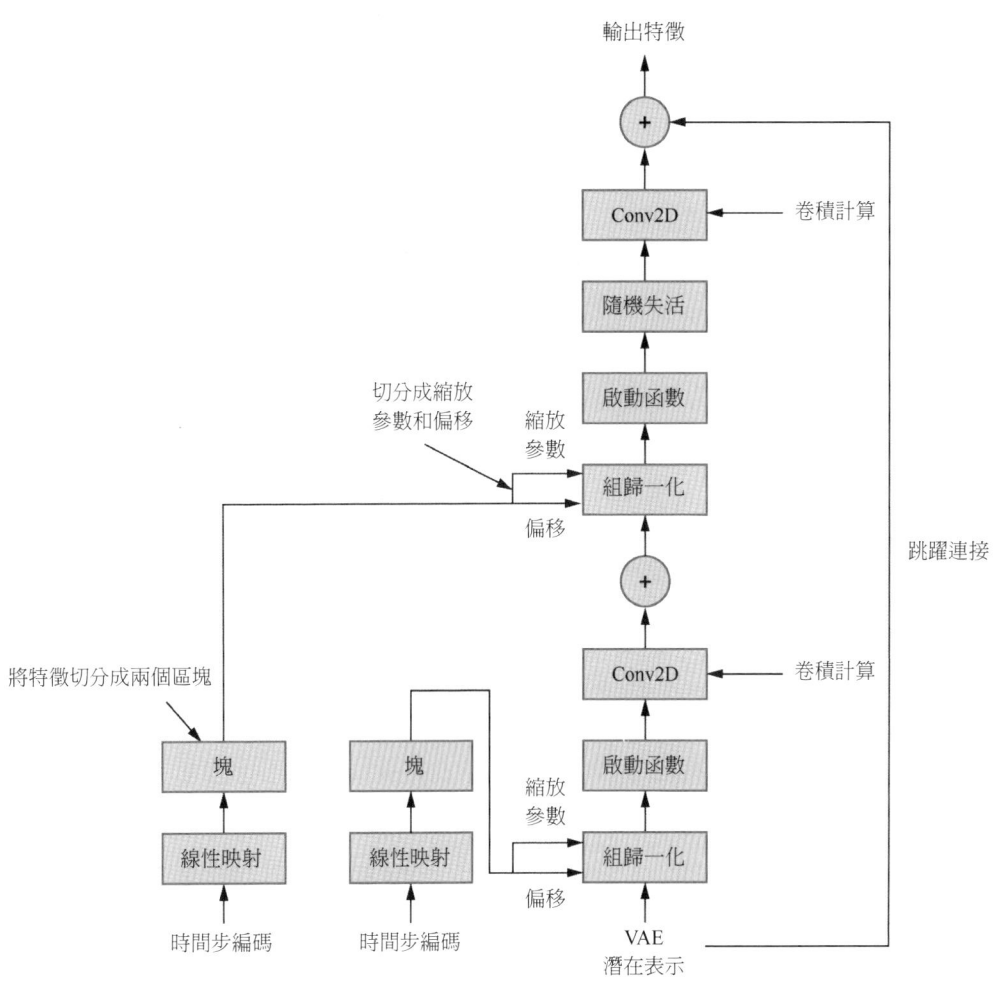

▲ 圖 5-12　DALL·E 3 中 Resnet 2D 模組的內部結構

Resnet 2D 模組的內部結構，其中展示了時間步編碼作用於 Resnet 2D 模組的方式。對比圖 3-24，在 Stable Diffusion 中，時間步編碼透過線性映射直接「加到」影像特徵上。在 DALL·E 3 中，時間步編碼透過兩個可學習的線性映射層，被拆分成兩個區塊，分別得到縮放參數和偏移，作用於原始 Resnet 2D 模組的組歸一化部分。簡言之，不同時間步可以得到不同的縮放參數和偏移，從而影響這一時間步的組歸一化的計算。程式清單 5-4 所示為 DALL·E 3 的組歸一化實現方式。

第 5 章　Midjourney、SDXL 和 DALL·E 3 的核心技術

➜ **程式清單 5-4**

```python
class AdaGroupNorm(nn.Module):
    """
    修改 GroupNorm 層，以實現時間步編碼資訊的注入
    """

    def __init__(
        self, embedding_dim: int, out_dim: int, num_groups: int, act_fn:
        Optional[str] = None, eps: float = 1e-5
    ):
        super().__init__()
        self.num_groups = num_groups
        self.eps = eps

        if act_fn is None:
            self.act = None
        else:
            self.act = get_activation(act_fn)

        self.linear = nn.Linear(embedding_dim, out_dim * 2)

    def forward(self, x, emb):
        '''
        x 是輸入的潛在表示
        emb 是時間步編碼
        '''
        if self.act:
            emb = self.act(emb)

        # DALL·E 3 中提到的
        # "a learned scale and bias term that
        # is dependent on the timestep signal
        # is applied to the outputs of the
        # GroupNorm layers"
        # 對應的就是下面這幾行程式

        emb = self.linear(emb)
        emb = emb[:, :, None, None]
        scale, shift = emb.chunk(2, dim=1)
```

```
# F.group_norm 只減去平均值再除以方差
x = F.group_norm(x, self.num_groups, eps=self.eps)

# 使用根據時間步編碼計算得到的縮放參數和偏移完成組歸一化的縮放和偏移變換
x = x * (1 + scale) + shift

return x
```

關於透過時間步編碼影響組歸一化計算的原因，推測如下：原始的組歸一化中的縮放參數和偏移同樣可學習，一旦 U-Net 模型訓練完成，對所有時間步 t 都是唯一確定的；而透過時間步 t 精細化調整組歸一化的計算，不同時間步 t 得到的縮放參數和偏移不同，可以調控不同時間步 t 對應的組歸一化數值範圍，這有助穩定擴散模型預測雜訊、去除雜訊的過程。

5.3.6 擴散模型解碼器

在 DALL·E 3 論文的最後，作者還提到一個有意思的技術細節，就是引入了一個擴散模型解碼器，將其放在完成 U-Net 模型去除雜訊後的潛在表示和 VAE 解碼器之間。

這個解碼器的結構也是一個擴散模型，它的訓練過程和標準擴散模型的相同，這個模型的輸出透過 VAE 解碼後便獲得了 DALL·E 3 最終輸出的影像。DALL·E 3 論文中使用了名為一致性模型（Consistency Model）的採樣技巧，可以在兩步內完成擴散模型解碼器的採樣。作者指出透過新增加的擴散模型解碼器，改善了在影像中寫入文字、臉部細節生成的效果。

探究擴散模型解碼器能夠提升影像生成效果的原因，需要回顧 VAE 的訓練方式。VAE 編碼器會預測出一個用於解碼器的潛在表示。試想，此時如果對潛在表示加入一些資料干擾，破壞潛在表示的分佈，解碼後的影像效果就會打折扣。同理，在 Stable Diffusion 中，解碼器的輸入是擴散模型去除雜訊後獲得的影像,因此無法保證擴散模型輸出的潛在表示可以「完美相容」VAE 解碼器,「文生圖」的效果可能變差。

DALL·E 3 的擴散模型解碼器更像一個「分佈調整器」,將擴散模型輸出的潛在表示進行微調,讓它更合 VAE 解碼器的「口味」。

5.3.7 演算法局限性

儘管 DALL·E 3 在提示跟隨方面獲得了重要的進步,但它也存在自己的演算法侷限。

首先,DALL·E 3 不擅長處理與定位和空間相關的文字描述。舉例來說,使用「在……的左邊」「在……的下面」「在……的背後」等文字描述生成的效果經常不符合預期。如圖 5-13(a)所示,以「Photo of a serene park setting. On the left, a golden retriever sits attentively, gazing forward with its tongue out. On the right, a tabby cat lounges lazily, stretching its legs out and looking towards the dog with a curious expression.」為文字描述生成的影像中,空間關係不準確。究其原因是用於訓練的詳細合成描述在描述物件位置方面並不可靠。正所謂「成也資料、敗也資料」。

其次,DALL·E 3 用一些特殊的文字描述來生成影像會失敗,例如生成某個特定品種的植物或鳥類。如圖 5-13(b)所示,以「Arum dioscoridis」作為文字描述,DALL·E 3 沒有成功生成對應的植物。出現這個問題同樣是由於詳細合成描述在描述特定品種時不可靠。

最後,DALL·E 3 相比於其他 AI 影像生成模型已經很擅長在影像中寫入文字了,但我認為它的表現還不夠好。如圖 5-13(c)所示,以「Mountain of words, ocean of literature.」作為文字描述,DALL·E 3 無法將「Mountain」「literature」等單字準確地寫入影像中。

5.4 小結 ○ ○ ○

(a) Photo of a serene park setting. On the left, a golden retriever sits attentively, gazing forward with its tongue out. On the right, a tabby cat lounges lazily, stretching its legs out and looking towards the dog with a curious expression.

(b) Arum dioscoridis.

(c) a wooden sign writing 'Mountain of words, ocean of literature'

▲ 圖 5-13 DALL·E 3 的演算法局限性

5.4 小結

本章圍繞 Midjourney、SDXL 和 DALL·E 3 這 3 種典型的 AI 影像生成模型展開討論。這些模型的技術方案和產品想法決定了 AI 影像生成技術的發展趨勢。

首先本章介紹了 Midjourney 模型，包括它的基本用法、不同版本的演化想法以及黑盒之下可能的技術方案。雖然 Midjourney 的技術方案未公開，我們仍可以根據已揭露的資訊和演算法特性，對其背後的技術方案做出一定的推測。

然後本章聚焦於效果驚豔的開放原始碼 AI 影像生成模型 SDXL。SDXL 模型在 Stable Diffusion 模型的基礎上進行了多項關鍵改進，包括串聯模型的引入和各個基礎模組的更新等。我們詳細解析了 SDXL 模型的繪畫能力和用法，SDXL 展現了開放原始碼 AI 影像生成模型的強大潛力。

第 5 章　Midjourney、SDXL 和 DALL·E 3 的核心技術

　　最後本章討論了 DALL·E 3 模型的技術更新和演算法局限性。從資料集重新描述到基礎模組的升級，DALL·E 3 在提示跟隨、處理複雜邏輯問題、在影像中寫入文字等任務上的能力顯著提升。DALL·E 3 對訓練資料的處理方式，能夠給很多 AI 影像生成模型的升級帶來啟發。

6

訓練自己的 Stable Diffusion

　　如今的技術同好可以使用手中的資料，在 Stable Diffusion 各版本模型的基礎上微調屬於自己的 AI 影像生成模型，這些模型可以用於生成特定內容和風格的影像，創作許多新奇、有趣的作品。得益於 LoRA 技術和 Stable Diffusion WebUI 等使用者友善工具的支援，AI 影像生成模型的應用變得前所未有的簡單。

　　經過前 5 章的討論，讀者應該已經了解了各種常見 AI 影像生成模型的技術原理。本章聚焦於 AI 影像生成技術實戰，主要討論以下 3 個問題。

- 如何理解低成本訓練 Stable Diffusion 的神器—LoRA？
- 如何利用 Stable Diffusion WebUI 工具全面體驗 Stable Diffusion 的功能？
- 如何透過撰寫程式微調一個 Stable Diffusion 模型，以滿足個性化的創作需求？

第 6 章 訓練自己的 Stable Diffusion

6.1 低成本訓練神器 LoRA

各種影像生成、圖文問答模型在推動技術創新的同時，由於背後巨大的計算量和參數量，也給模型訓練帶來了很大的挑戰，尤其是對於資源有限的個人開發者或小團隊，高昂的計算成本常常被列為限制因素。那麼有沒有一種方法，可以在保證模型性能的同時，大幅降低訓練成本呢？

答案就是本節要討論的低秩適應（Low-Rank Adaptation，LoRA）。LoRA 是一種全新的模型微調方法，透過引入低秩矩陣有效減少模型訓練所需的運算資源。不僅如此，LoRA 還能保持原始模型的複雜性和表達能力，這表示我們可以在幾乎不損失性能的情況下，以更低的成本進行模型訓練和微調。本節將深入探討 LoRA 的基本原理，介紹它是如何實現「小成本、大作為」的。

6.1.1 LoRA 的基本原理

LoRA 技術最開始是為大型語言模型設計的，LoRA 在提出後被迅速用於各種模型微調的場景中。在了解它的基本原理前，先複習線性代數的基本概念：矩陣的秩。

舉個例子，如果有一個 2×2 的矩陣（也就是有 2 行 2 列的矩陣），第二行中元素的數值是第一行中元素數值的 2 倍，那麼這個矩陣的秩就是 1，而非 2，即使這個矩陣有 2 行。因為第二行實際上並沒有提供新的資訊，它只是第一行元素的 2 倍而已，所以，我們可以把秩理解為矩陣所能提供的資訊量或矩陣所描述的空間維度。

以全連接層為例，輸入特徵和輸出特徵的維度設置為 d，這一層要學習的權重矩陣 W 的維度便是 $d \times d$。假設權重矩陣的秩是 r，可以找到矩陣 A 和 B，其中 A 的維度是 $r \times d$，B 的維度是 $d \times r$，使得 $W = BA$。一般來說，r 遠小於 d。這在數學上被稱為矩陣的低秩分解（Rank Factorization）。假定

$d=10000$，$r=100$。那麼原始權重矩陣的參數量便是 100M，而 A 和 B 的參數量只有 1M。

LoRA 便利用了矩陣的這個性質。在訓練過程中，原始參數矩陣 W 保持固定，學習一個矩陣 $\Delta W=BA$，訓練過程中最佳化矩陣 A 和 B 的權重。這樣，對於輸入特徵 x，輸出特徵 y 可以使用式（6.1）計算。

$$y = Wx + \Delta Wx = Wx + BAx \tag{6.1}$$

圖 6-1 所示為 LoRA 的基本原理，圖中矩陣 A 和 B 便是要學習的兩個「小矩陣」部分。

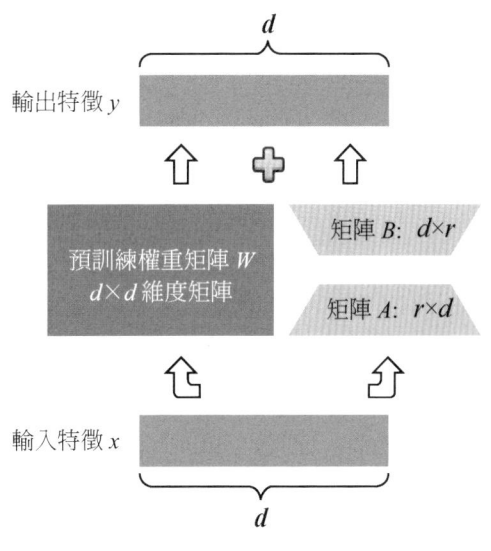

▲ 圖 6-1 LoRA 的基本原理示意

6.1.2 LoRA 的程式實現

LoRA 最初主要用於全連接層，因為這些層通常包含大量的參數。透過對全連接層的權重矩陣進行低秩分解，可以顯著減少模型微調過程中的參數量，從而降低計算成本和提高訓練效率。卷積層的參數共用特性本身就比較好，但

第 6 章 訓練自己的 Stable Diffusion

在某些大型和深層的卷積神經網路中，使用 LoRA 依然能帶來效率的提升。在 LoRA 的 GitHub 倉庫中包含了 LoRA 在全連接層和卷積層中的程式實現，為了便於讀者理解，本節對 LoRA 的程式實現進行簡化並分析其想法。

程式清單 6-1 首先定義了一個包含 LoRA 權重的全連接層，隨機初始化了一個輸入向量 x，然後使用帶 LoRA 權重的模型進行一次前向推理。以大型語言模型的微調任務為例，通常需要載入原始模型的預訓練參數，固定這些參數並為全連接層加入 LoRA 權重參數，模型微調的任務只針對新增加的 LoRA 權重參數進行。

→ 程式清單 6-1

```python
import torch
import torch.nn as nn

class LoRA_FC(nn.Module):
    def __init__(self, d, r):
        super(LoRA_FC, self).__init__()
        self.d = d
        self.r = r
        self.A = nn.Parameter(torch.randn(r, d))
        self.B = nn.Parameter(torch.randn(d, r))

        # 對於預訓練模型，self.W 為預訓練權重，不需要進行梯度更新
        self.W = nn.Parameter(torch.randn(d, d), requires_grad=False)

    def forward(self, x):
        delta_W = self.B @ self.A  # 計算增量權重
        return (self.W + delta_W) @ x

# 範例：d = 10000，r = 100
d = 10000
r = 100
lora_fc = LoRA_FC(d, r)
x = torch.randn(10000,1) # 輸入特徵
y = lora_fc(x) # 輸出特徵
print(y.shape)
```

程式清單 6-2 首先定義了一個包含 LoRA 權重的卷積層，隨機初始化了一個輸入向量 x，然後使用帶 LoRA 權重的模型進行一次前向推理。需要指出，對於卷積層，由於其參數共用的特性原本就較好，因此，LoRA 在這裡的應用效果可能不如在全連接層中的顯著。但如果面對一個參數量極大的卷積神經網路，尤其是在運算資源有限的情況下，LoRA 可能仍然是一種值得考慮的最佳化方法。

➜ 程式清單 6-2

```python
import torch
import torch.nn as nn

class LoRA_Conv2d(nn.Module):
    def __init__(self, in_channels, out_channels, kernel_size, r, stride=1,
                 padding=0, dilation=1, groups=1, bias=True):
        super(LoRA_Conv2d, self).__init__()
        self.conv = nn.Conv2d(in_channels, out_channels, kernel_size, stride,
                    padding, dilation, groups, bias)
        self.A = nn.Parameter(torch.randn(r * kernel_size, in_channels *
                    kernel_size))
        self.B = nn.Parameter(torch.randn(out_channels//groups * kernel_size,
                    r * kernel_size))

        # 凍結 self.conv 中的所有參數
        for param in self.conv.parameters():
            param.requires_grad = False

    def forward(self, x):
        delta_W = (self.B @ self.A).view(self.conv.weight.shape)
        self.conv.weight.data += delta_W
        return self.conv(x)

# 範例：輸入通道數為 16，輸出通道數為 32，卷積核心尺寸為 3×3，r 為 5
in_channels = 16
out_channels = 32
kernel_size = 3
r = 5
lora_conv = LoRA_Conv2d(in_channels, out_channels, kernel_size, r, groups = 2)
```

```
x = torch.randn(1,16,64,64) # 輸入特徵
y = lora_conv(x) # 輸出特徵
print(y.shape)
```

在 LoRA 的論文中，作者進行了大量的實驗來驗證這種方法的有效性。從實驗效果看，LoRA 在保持原有模型架構的基礎上，透過對關鍵參數進行低秩分解和微調，顯著提升了模型在特定任務上的性能，同時顯著減少了模型微調所需的運算資源。特別是在處理大型語言模型（如 GPT-3 等）時，LoRA 不僅能夠維持甚至提高模型的影像生成品質和準確度，還能以較低的計算成本實現這些優勢。此外，LoRA 在不同的任務和資料集上展現出了良好的通用性和適應性，證明了其身為高效的模型最佳化方法在各類 AI 應用中的廣泛可行性。

6.1.3 用於影像生成任務

LoRA 技術一經提出，便被迅速應用於影像生成領域。相較於 GPT-3 這種擁有高達 1750 億個參數的龐大型模型，負責去除雜訊的 U-Net 模型的參數量通常只有幾億。儘管如此，LoRA 技術仍然展現出了其在減少可學習參數方面的顯著效果，這不僅有助簡化模型的訓練過程，還能大幅降低儲存需求。在 Hugging Face 等模型共用社區上，使用者可以輕鬆下載各種風格的 Stable Diffusion 模型的權重。這些模型的大小差異顯著：有些模型的大小可能高達 3～4GB，而採用 LoRA 技術最佳化過的模型大小可能不超過 200MB。後者的小巧體積正是 LoRA 技術精簡模型參數、提高儲存效率的直接表現。

3.4.4 節深入探討了 U-Net 模型的內部結構，特別注意了它的多個自注意力機制和交叉注意力機制。現在以 U-Net 模型中的某一層交叉注意力機制的映射矩陣為例，說明 LoRA 技術在影像生成中的具體作用。交叉注意力機制的映射矩陣（W_Q、W_K、W_V、W_O）是關鍵的參數部分，它們負責轉換輸入特徵或輸出特徵的維度。在 Stable Diffusion 模型中，這些映射矩陣往往包含大量參數。如圖 6-2 所示，透過引入 LoRA 權重，可以減少模型在訓練時的記憶體佔用並減輕計算負擔。

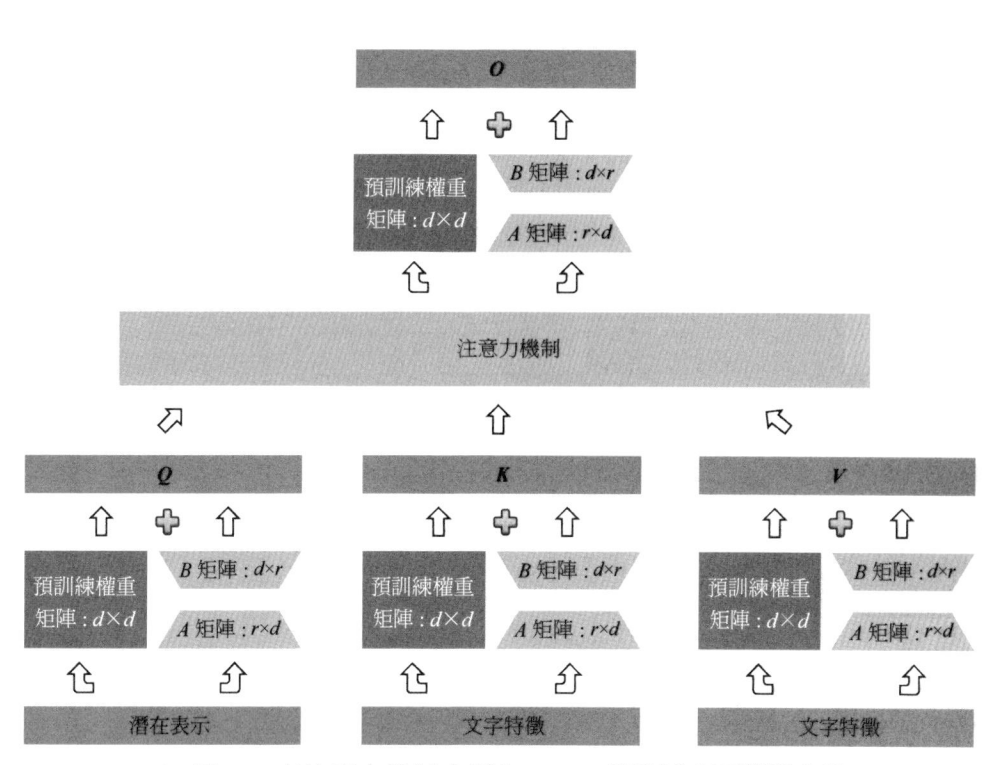

▲ 圖 6-2 在注意力機制中引入 LoRA 權重減少可學習參數

在 U-Net 模型中，有幾十處這樣的注意力機制映射矩陣，可以使用 LoRA 技術逐一最佳化對應的權重矩陣 A 和權重矩陣 B。當 LoRA 模型訓練完成後，我們只需要儲存這裡的幾十處 LoRA 權重即可，這些權重一般只佔用幾十百萬位元組的儲存空間。

6.2 Stable Diffusion WebUI 體驗影像生成

2022 年 10 月，開放原始碼社區 AUTOMATIC1111 推出了名為「Stable Diffusion WebUI」的圖形化程式，為普通使用者提供了使用 Stable Diffusion 模型的使用者介面（User Interface，UI）工具。

第 6 章　訓練自己的 Stable Diffusion

在 Stable Diffusion WebUI 中，使用者可以使用 Stable Diffusion 模型完成一系列的功能，包括「文生圖」「圖生圖」，以及影像補完全相等，甚至還能自訂訓練具有指定風格的全新模型。由於開放原始碼、易於上手和功能全面等諸多優勢，Stable Diffusion WebUI 迅速成為 Stable Diffusion 系列模型的最出色、使用最廣泛的圖形化程式之一。Stable Diffusion WebUI 的頁面如圖 6-3 所示。

可以看到，在這個頁面最上面的部分，可以選擇各種不同的 Stable Diffusion 模型（如 Stable Diffusion 1.5、SDXL 等）和不同的影像生成功能（如 txt2img、img2img 等）；左下角的部分用於設置參數（如隨機種子、生成影像的尺寸等）；右下角的部分可以展示影像生成的效果，供使用者根據喜好決定是否將影像儲存到本地。

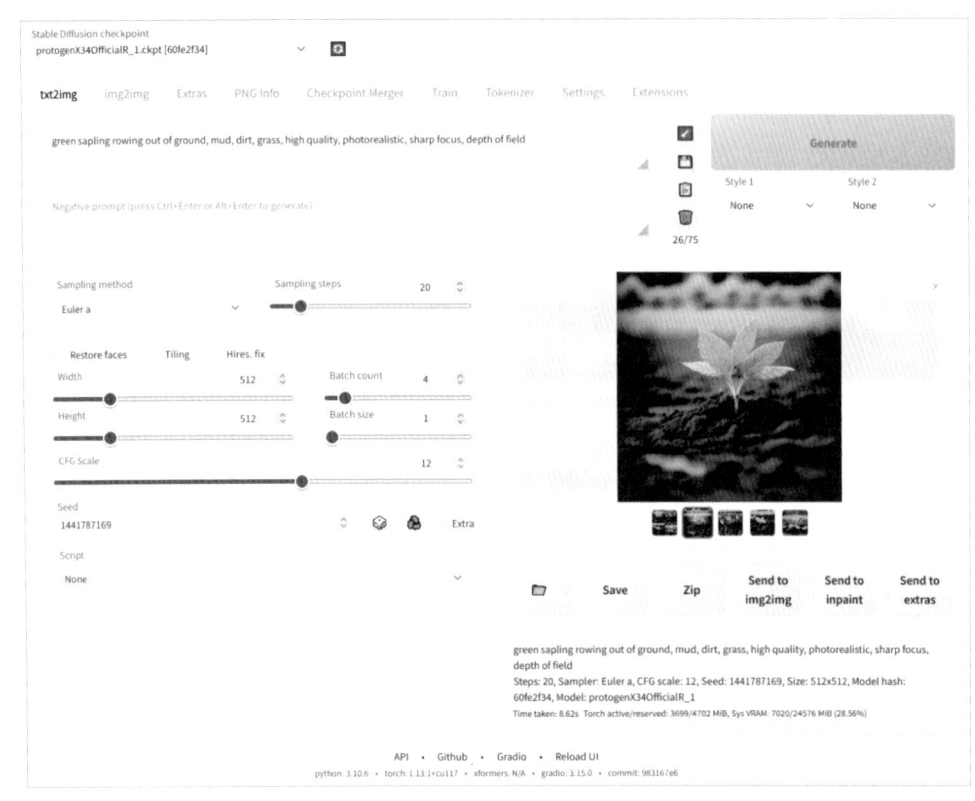

▲ 圖 6-3　Stable Diffusion WebUI 頁面展示

在對比其他 AI 影像生成模型，如 Midjourney、DALL·E 2、DALL·E 3 時，Stable Diffusion WebUI 展現出其獨特優勢。它不僅能在個人電腦或伺服器上免費執行，還提供了廣闊的改造和擴充空間，滿足了不同使用者的個性化需求。特別值得一提的是，隨著開放原始碼社區的積極參與，Stable Diffusion WebUI 融入了許多外掛程式，如 LoRA、ControlNet 等，極大提高了內容創作的便利性和多樣性。

6.2.1 本地 AI 影像生成模型

在本地 AI 影像生成模型方面，Stable Diffusion WebUI 已經調配多個平臺，包括 Windows、macOS 和 Linux 系統，並支援英偉達、AMD 以及蘋果 M 系列晶片等 GPU 架構。這樣的跨平臺性和相容性，使得 Stable Diffusion WebUI 成為追求創作自由的 AI 影像生成藝術家的優先選擇。

如果讀者擁有個人顯示卡或 GPU 伺服器，並且希望按照官方的安裝方式對 Stable Diffusion WebUI 操作，那麼首先需要下載 Stable Diffusion WebUI 的程式。可以使用以下 Git 命令將其複製到本地。

```
git clone https://github.com/AUTOMATIC1111/stable-diffusion-webui.git
```

如果網路速度比較慢，也可以在 GitHub 主頁中找到並下載已打包好的 ZIP 壓縮檔。

對於 Windows 系統使用者，安裝 Stable Diffusion WebUI 需要完成以下兩步操作。

- 安裝 Python 3.10.6，勾選「Add Python to PATH」。

- 在命令提示視窗中以非管理員的身份執行 webui-user.bat 檔案。

對於 Linux 系統使用者，參考以下命令集合，根據不同的發行版本，先在命令列終端執行相應的命令安裝依賴項，然後下載並安裝 Stable Diffusion WebUI。

```
# Debian-based:
sudo apt install wget git python3 python3-venv
# Red Hat-based:
sudo dnf install wget git python3
# Arch-based:
sudo pacman -S wget git python3

bash <(wget -qO- https://raw.githubusercontent.com/AUTOMATIC1111/stable-diffusion-webui/master/webui.sh)
```

對於 macOS 系統 M 系列晶片的使用者，在命令列終端按照以下命令安裝。

```
# 首先使用 cd 命令移動到希望安裝 Stable Diffusion WebUI 的位置
brew install cmake protobuf rust python@3.10 git wget
git clone https://github.com/AUTOMATIC1111/stable-diffusion-webui
cd stable-diffusion-webui
export no_proxy="localhost, 127.0.0.1, ::1"
./webui.sh
```

在瀏覽器輸入 http://127.0.0.1:7860，便可以進入 Stable Diffusion WebUI。更詳細的安裝方法和有關問題，可以參考 Stable Diffusion WebUI 官方指南。

在 Stable Diffusion WebUI 中，包含多項影響影像生成效果的關鍵參數，如圖 6-3 左側部分所示。

- Stable Diffusion checkpoint：可以選擇已經下載的模型。目前許多社區（如 Hugging Face、Civitai 等）支援開放原始碼的 Stable Diffusion 模型下載。

- txt2img：這個參數表示啟用「文生圖」功能。同理，img2img 參數表示啟用「圖生圖」功能，Train 參數表示支援微調 Stable Diffusion 模型，Extensions 參數表示支援選擇各種功能外掛程式。

- green sapling……：為 Prompt 文字標籤，用於生成影像的文字描述。

- Negative prompt：用於生成影像的反向描述詞。舉例來說，如果讀者不希望影像中出現紅色，可以在這裡輸入「red」。

- Sampling method：用於選擇不同的採樣器，例如 DDPM、Euler a 採樣器等。

- Sampling steps：生成影像時的採樣步數。

- Width 和 Height：生成影像的寬度和高度。

- Batch size：每次生成的影像數。如果顯示記憶體空間不夠大，建議調小這個參數的數值。

- CFG Scale：無分類器引導的引導權重。

- Seed：生成影像的隨機種子，會影響生成的影像。

這些參數影響著生成影像的品質、多樣性和風格，合理的參數選擇是 Stable Diffusion WebUI 順利進行影像生成和編輯的關鍵。

6.2.2 開放原始碼社區中的模型

掌握 Stable Diffusion WebUI 的用法後，如何獲取各種風格的影像生成模型就非常關鍵了。事實上，除了我們經常聽到的 Stable Diffusion 1.x、Stable Diffusion 2.x 和 SDXL 等模型，開放原始碼社區中還有成千上萬的有趣模型可以為我們所用。

Civitai 和 Hugging Face 是 AI 影像生成領域中兩個非常重要的開放原始碼社區。它們吸引了來自全球各地的網友們參與其中。這些社區成為寶藏般的資源函數庫，提供了大量且風格多樣的模型。透過這些社區，人們可以相互交流、分享和發現新的影像生成技巧，不斷推動 AI 影像生成領域的發展。

對於 Hugging Face 和 Civitai 上展示的模型,既可以下載到本地在 Stable Diffusion WebUI 中使用,也可以在 GPU 環境下透過程式指令的方式進行使用。對於後者,先使用以下命令安裝 diffusers 函數庫,然後便可以透過 `model_id` 指定要使用的模型。

```
pip install diffusers
```

以 Stable Diffusion 1.5 模型為例,影像生成的方法如程式清單 6-3 所示。

➡ 程式清單 6-3

```
from diffusers import StableDiffusionPipeline
import torch

model_id = "runwayml/stable-diffusion-v1-5"
pipe = StableDiffusionPipeline.from_pretrained(model_id,
    torch_dtype=torch.float16)
pipe = pipe.to("cuda")

prompt = "a photo of an astronaut riding a horse on mars"
image = pipe(prompt).images[0]

image.save("astronaut_rides_horse.png")
```

在透過開放原始碼社區獲取影像生成模型時,需要仔細查看模型的類型和使用方式,以確保正確地安裝和配置模型,這樣 Stable Diffusion WebUI 才能順利呼叫它。例如對於 LoRA 類型的模型,需要配合某個基礎的 Stable Diffusion 模型聯合使用,因為配合某個特定的基礎模型能發揮更好的作用。

6.2.3 體驗 AI 影像生成功能

了解了 Stable Diffusion WebUI 和 AI 影像生成模型的獲取方式,便可以體驗 Stable Diffusion WebUI 的各種功能。

先以「文生圖」任務為例，需要將下載的模型放置在以下安裝路徑中：./stable-diffusion-webui/models/Stable-diffusion。這裡使用一個名為 ToonYou 的 Stable Diffusion 微調模型分別生成一個女生形象和一個男生形象，關鍵參數設置如下所示。

基礎模型：ToonYou-Beta 6 [https://civitai.com/models/30240/toonyou]
文字描述：1girl, fashion photography （女生形象）
文字描述：1boy, fashion photography （男生形象）
反向描述詞：EasyNegative
採樣器：Euler a
隨機種子：603579160
採樣步數：20
生成影像的寬和高：512×512
引導權重：7

生成效果如圖 6-4 所示。

▲ 圖 6-4 在 Stable Diffusion WebUI 中使用第三方模型的影像生成效果

推薦使用不同的描述、反向描述詞、採樣器、引導權重等測試影像生成效果，感受這些參數帶來的效果變化。

第 6 章　訓練自己的 Stable Diffusion

接下來體驗「圖生圖」功能。與「文生圖」不同,「圖生圖」需要輸入文字描述和原始影像,並需要提供去除雜訊強度參數來控制加入雜訊的步數,如圖 6-5 所示。舉例來說,採樣步數設置為 20 步,去除雜訊強度設置為 0.75,「圖生圖」的過程需要先對原始影像加入 15(即 20×0.75)步雜訊,再參考文字描述進行 15 步雜訊去除。

圖 6-6 所示依次為原始影像(由 DALL·E 3 生成的人像)、去除雜訊強度設置為 0.3 的「圖生圖」效果、去除雜訊強度設置為 0.5 的「圖生圖」效果。從這個例子可以看出,去除雜訊強度數值越小,「圖生圖」的效果越接近原始影像。

▲ 圖 6-5　在 Stable Diffusion WebUI 中體驗「圖生圖」功能

(a)原始影像　　(b)去除雜訊強度設置為 0.3　(c)去除雜訊強度設置為 0.5

▲ 圖 6-6　去除雜訊強度對於「圖生圖」效果的影響

「圖生圖」範例的關鍵參數設置如下所示。

```
DALL·E 3 生成的原始影像的文字描述：
    長寬比 1:1，一個女孩的半身照片，她的手靠在臉頰上，長髮飄飄，
    穿著淺灰色的毛衣，背景是金黃色的麥田，指甲上塗著黑色的指甲油，眼睛正視鏡頭

「圖生圖」過程的參數如下：
    基礎模型：ToonYou-Beta 6 [https://civitai.com/models/30240/toonyou]
    文字描述：1girl, fashion photography
    反向描述詞：EasyNegative
    採樣器：Euler a
    隨機種子：603579160
    採樣步數：20
    生成影像的寬和高：512×512
    引導權重：7
    去除雜訊強度：0.3/0.5
```

6.2.4 將多個模型進行融合

使用不同的 Stable Diffusion 模型進行融合也是一種常用的技巧，該技巧能夠幫助使用者快速調變出特色鮮明的影像風格。

模型融合，本質上就是對多個模型進行加權融合，從而得到一個融合後的模型。舉例來說，如果希望將 Anything V5、ToonYou、MoYou 這 3 個模型進行融合，只需要給每個模型的所有權重分別乘一個權重係數，然後將它們加在一起。

在 Stable Diffusion WebUI 中，讀者可以在 Checkpoint Merger 頁面完成模型融合的過程，如圖 6-7 所示。舉例來說，在加權求和（Weighted sum）模式下，融合後的新模型權重的計算方式為式（6.2）：

$$\text{新模型權重} = \text{模型 A 權重} \times (1-M) + \text{模型 B 權重} \times M \qquad (6.2)$$

其中，M 是權重係數。

第 6 章　訓練自己的 Stable Diffusion

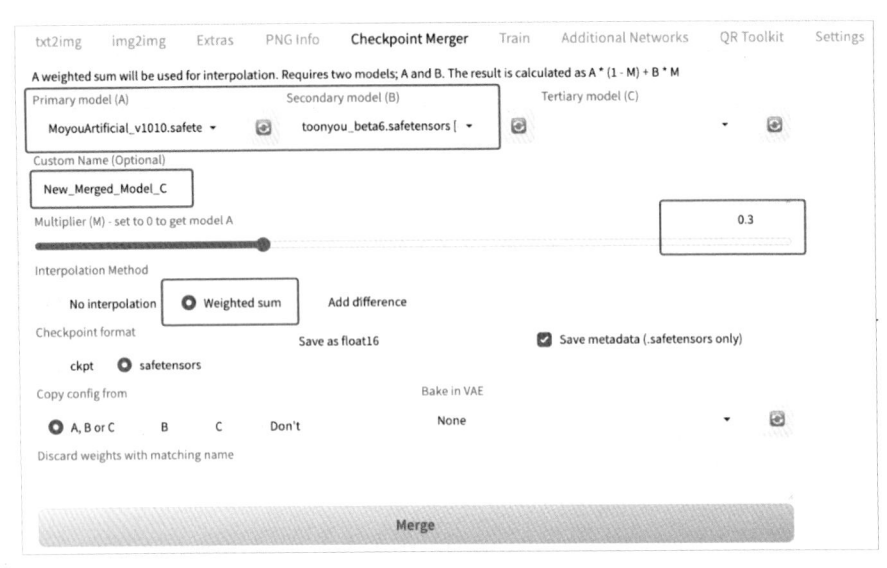

▲ 圖 6-7　在 Stable Diffusion WebUI 中將多個模型進行融合

在差分加權（Add difference）模式下，使用者需要提供 3 個模型，將模型 B 和模型 C 的權重差值以一定的權重加到原始模型 A 的權重上，如圖 6-8 所示。融合後的新模型權重的計算方式為式（6.3）：

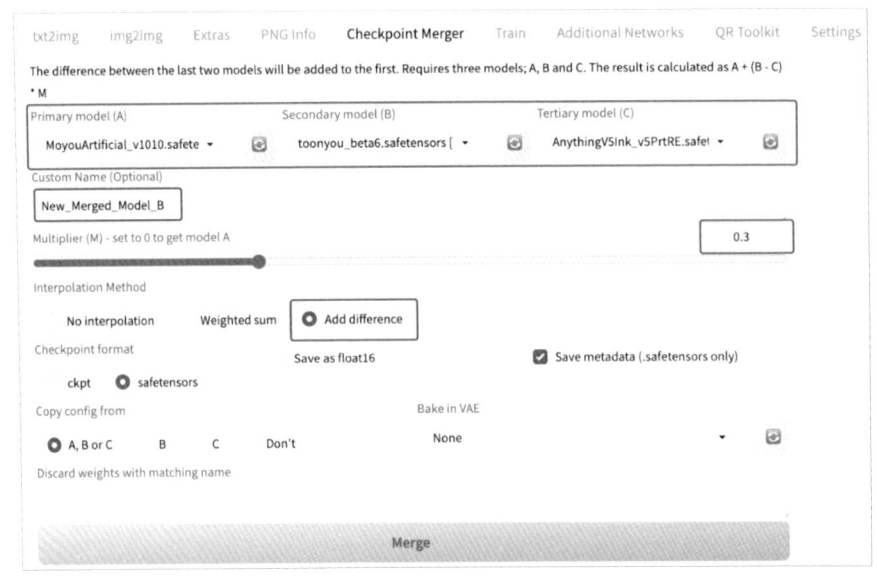

▲ 圖 6-8　在 Stable Diffusion WebUI 中將 3 個模型以差分加權模式進行融合

6.2 Stable Diffusion WebUI 體驗影像生成

$$新模型權重 = 模型A權重 + (模型B權重 - 模型C權重) \times M \quad (6.3)$$

其中，M 是權重係數。

以加權求和模式為例，將 MoYou 模型和 ToonYou 模型按照權重係數為 0.5 的方式進行融合，然後使用融合後的新模型生成影像，關鍵參數設置如下所示，兩個原始模型與融合後模型的生成效果如圖 6-9 所示。

```
基礎模型：MoYou [https://civitai.com/models/30240?modelVersionId=125771]
基礎模型：ToonYou-Beta 6 (https://civitai.com/models/30240/toonyou)
文字描述：1girl, fashion photography（女生形象）
文字描述：1boy, fashion photography （男生形象）
反向描述詞：EasyNegative
採樣器：Euler a
隨機種子：603579160
採樣步數：20
生成影像的寬和高：512×512
引導權重：7
```

（a）MoYou 模型　　（b）ToonYou 模型　　（c）融合後的新模型

▲ 圖 6-9 融合前後模型的生成效果對比

可以看到，融合後的新模型生成影像的風格與用於融合的兩個模型的風格有明顯區別。

6.2.5 靈活的 LoRA 模型

相比於透過修改文字描述等參數以調整生成影像的風格和內容，使用 LoRA 模型能夠帶來更高的靈活性。在 Stable Diffusion WebUI 的「文生圖」和「圖生圖」頁面中都可以啟用 LoRA 模型。圖 6-10 所示為設置影像生成過程使用兩個 LoRA 模型，二者的權重分別為 0.5 和 0.8。這些權重直接決定每個 LoRA 模型發揮的作用的強弱。

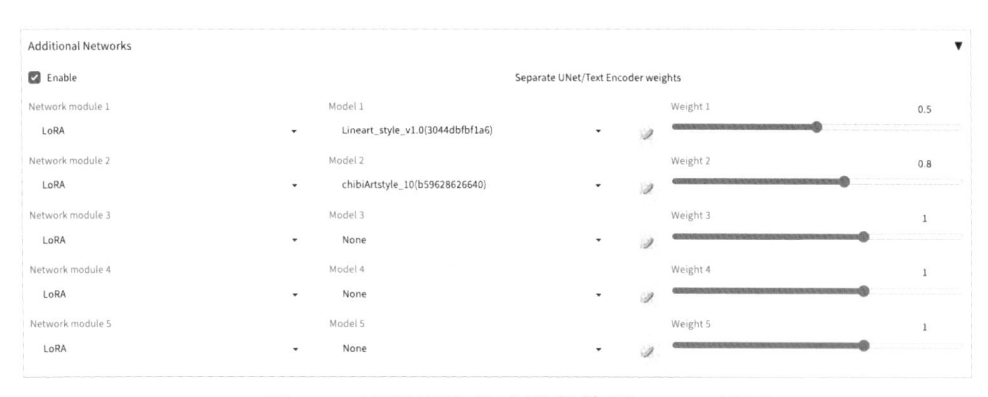

▲ 圖 6-10 設置影像生成過程使用 LoRA 模型

LoRA 在 Stable Diffusion WebUI 中發揮作用的機制如式（6.4）所示：

$$y = (W + \text{weight} \times BA)x \qquad (6.4)$$

其中，weight 代表的是 LoRA 與基礎模型組合時的權重，A 和 B 代表的是 LoRA 模型的權重。

6.2 Stable Diffusion WebUI 體驗影像生成

當我們在 Stable Diffusion WebUI 中同時使用多個 LoRA 模型時，就如同模型需要同時傾聽多個「上司」的指示，每個上司都對最終的輸出結果產生影響。這個過程可以用式（6.5）來表示：

$$y = (W + \text{weight}_1 \times B_1 A_1 + \text{weight}_2 \times B_2 A_2 + \cdots + \text{weight}_n \times B_n A_n)x \quad (6.5)$$

然而，在實際操作中，我們發現多個 LoRA 模型同時運作時，生成的影像效果往往不理想。這主要是因為每個 LoRA 模型的權重都加在了基礎模型（Base Model）上，使得最終的 AI 影像生成模型功能變得混雜，生成的影像也就「四不像」了。

要在 Stable Diffusion WebUI 中增加 LoRA 模型，首先需要下載要用到的 LoRA 模型。舉例來說，在 Civitai 上，可以透過按一下頁面右上角的漏斗形狀符號來選擇不同的功能或設置。選定了 LoRA 選項後，Civitai 網站會提示我們選擇一個基礎模型。在 Civitai 提供的選項中，包括多種不同的模型，例如 SD 1.4、SD 1.5 分別代表 Stable Diffusion 1.4 和 Stable Diffusion 1.5 模型。一旦選定基礎模型（圖 6-11 中選定的是 SDXL Turbo 模型），網站就會展示所有與之匹配的 LoRA 模型。此處選擇的 SDXL Turbo 模型是針對 SDXL 模型的加速版，透過引入對抗蒸餾思想將 SDXL 影像生成的採樣步數降低至 10 步以內。

如圖 6-11 所示，在篩選後的 LoRA 模型清單中，每個模型卡片的左上角都有 LoRA 標識，方便使用者辨識。我們可以瀏覽這些模型，閱讀模型介紹、查看範例影像以及其他相關資訊，從中挑選合適的 LoRA 模型。

舉個例子，如果我們選擇圖 6-11 中的第一個 LoRA 模型，就可以看到該模型的詳細介紹，如圖 6-12 所示。模型的詳細介紹指出，它與選定的基礎模型 SDXL Turbo 相匹配（圖 6-12 中的紅框區域）。值得注意的是，在 Civitai 社區中有許多基礎模型是在 Stable Diffusion 各種版本的模型基礎上進行微調得到的，因此這些微調後得到的模型仍然可以和被選中的 LoRA 模型相容使用。

第 6 章　訓練自己的 Stable Diffusion

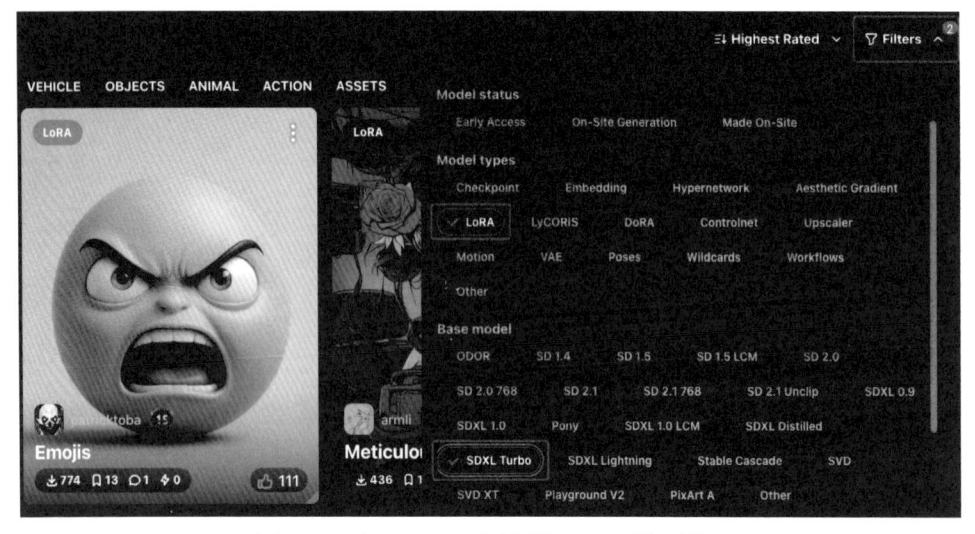

▲ 圖 6-11　在 Civitai 中挑選 LoRA 模型的示意

▲ 圖 6-12　在 Civitai 中查看 LoRA 模型

將下載好的 LoRA 模型存放在路徑 stable-diffusion-webui/models/Lora 中，並根據圖 6-13 所示的方法刷新本地 LoRA 模型函數庫。這樣就可以輕鬆地將這些 LoRA 模型與基礎模型結合，在 Stable Diffusion WebUI 中創造出獨特的藝術作品。

6.2 Stable Diffusion WebUI 體驗影像生成

▲ 圖 6-13 刷新本地 LoRA 模型函數庫

以「Moss Beast」和「大概是盲盒」兩個 LoRA 模型為例，配合名為 helloip3d 的 3D 風格基礎模型進行影像生成。「Moss Beast」的功能是生成苔蘚怪獸風格，「大概是盲盒」的功能是生成 3D 盲盒風格。在 Stable Diffusion WebUI 中，LoRA 的標準寫法是 <lora：模型檔案名稱：權重 >。通常權重的設定值範圍是 0 到 1，其中 0 表示 LoRA 模型完全不發揮作用。例子中關鍵參數設置如下所示，兩個 LoRA 模型的生成效果如圖 6-14 所示。

採樣器：DPM++ 2M Karras
隨機種子：左圖為 603579160/ 右圖為 2963301778
採樣步數：28
生成影像的寬和高：512×768
引導權重：7

基礎模型：helloip3d
LoRA模型：Moss Beast
文字描述：adorable multicoloredmossbeast chibi <lora:mossbeast:0.8>, best quality,masterpiece

基礎模型：helloip3d
LoRA模型：大概是盲盒
文字描述：chibi, masterpiece, best quality, original, official art, Cute, full body,beautiful eye,colorful ombre hair,rainbow gradient, jack-o'-lantern, outfit, smiling,bokeh, bloom, blurred background, cartoon rendering, <lora:blindbox_V1Mix:0.3>

▲ 圖 6-14 LoRA 生成效果示意

第 6 章　訓練自己的 Stable Diffusion

正如上述例子所示，LoRA 模型能夠為基礎模型帶來特定的風格，例如 3D 卡通風格或覆蓋苔蘚的獨特風格等。更有趣的是，LoRA 模型還能夠幫助基礎模型生成特定類型的內容，例如某個知名 IP 的角色形象。在漫畫製作過程中，這一點尤其重要，因為不僅要維持一致的畫風，還需要保持漫畫角色的固定形象。

以「中谷育」LoRA 模型為例，我們可以探索 LoRA 模型在保持 IP 角色的固定形象方面的潛力。在本例中，關鍵參數的設置如下所示，LoRA 模型的生成效果則在圖 6-15 中呈現。

```
基礎模型：AnythingV5(https://civitai.com/models/9409?modelVersionId=29588)
LoRA 模型：中谷育 (Nakatani Iku)
文字描述： a photo of a girl, <lora:Iku_Nakatani-000016_v1.0:1>
反向描述詞：EasyNegative, (worst quality, low quality:1.4), (lip, nose,
rouge, lipstick:1.4), (jpeg artifacts:1.4), (1boy, abs, muscular:1.0),
greyscale, monochrome, dusty sunbeams, trembling, motion lines, motion
blur, emphasis lines, text, title, logo, signature
採樣器：DPM++ 2s a Karras
隨機種子：603579160
採樣步數：20
生成影像的寬和高：448×640
超解析度倍率：2 倍
引導權重：7
```

6.2 Stable Diffusion WebUI 體驗影像生成

▲ 圖 6-15 LoRA 模型的 IP 角色的固定形象保持功能

在具體操作過程中，我們可以同時引入多個不同的 LoRA 模型。透過結合各種 LoRA 模型，我們能夠混合多種風格、特徵和創作元素，從而創作出既獨特又個性化的作品。這種創作方式不僅增強了影像的表現力，更為藝術家們提供了一個自由發揮創意和想像力的平臺。

6.3 Stable Diffusion 程式實戰

本節將以一個具體的影像生成任務為例，使用 LoRA 技術對 Stable Diffusion 模型進行微調。

對於一個 Stable Diffusion 的微調任務，首先需要考慮兩個操作：資料集獲取和基礎模型選擇。幸運的是，我們已經熟悉了 Hugging Face 和 Civitai 這兩個強大的開放原始碼社區，可以免費獲取巨量資料集和基礎模型。

6.3.1 訓練資料準備

在 Stable Diffusion 模型的訓練過程中，我們依賴於影像 - 文字對的資料集。其中，對影像的文字描述部分被稱為「caption」，即影像標題。這些標題通常來源於網際網路上的 Alt Text，即影像的替換文字（Alternate Text 或 Alternative Text）——一個超文字標記語言（Hypertext Markup Language，HTML）屬性，該屬性用於提供對影像的文字描述。如程式清單 6-4 所示，這些標題為影像提供了簡潔明了的語義資訊。

→ 程式清單 6-4

```
<img src="butterfly.jpg" alt="a pink butterfly">
```

當我們在 Google 等搜尋引擎上搜索影像時，通常會看到與影像相關的文字描述，這些文字描述很可能就是影像的 Alt Text。事實上，CLIP 這樣的模型就是透過網際網路上大量的影像和其對應的 Alt Text 進行訓練的。

然而，並非所有影像都有現成的 Alt Text。在這種情況下，搜尋引擎可能根據影像周圍的文字內容，或利用機器學習模型對影像進行分析，以生成相應的文字描述。

6.3 Stable Diffusion 程式實戰

另外,並非所有影像及其 Alt Text 有較高的一致性。在這種情況下,我們可以利用深度學習模型為影像生成更加準確的文字描述,這個過程被稱為影像描述(Image Captioning)。

在 Stable Diffusion 模型訓練完成後,使用者可以透過提供文字描述生成相應的影像。這裡我們更習慣使用「文字描述」,而非「影像標題」。

對於影像生成任務,可以使用 Hugging Face 上現有的公開資料集。本節選取 m1guelpf/nouns 資料集,該資料集中每張影像都包含對應的標題。

首先透過程式清單 6-5 所示的方法下載並載入資料集。

➜ 程式清單 6-5

```
from datasets import load_dataset
dataset = load_dataset("m1guelpf/nouns", split="train")
```

接著便可以透過程式清單 6-6 所示的方法對資料集中的影像和標題進行視覺化,如圖 6-16 所示。

➜ 程式清單 6-6

```
from PIL import Image

width, height = 360, 360
new_image = Image.new('RGB', (2*width, 2*height))

new_image.paste(dataset[0]["image"].resize((width, height)), (0, 0))
new_image.paste(dataset[1]["image"].resize((width, height)), (width, 0))
new_image.paste(dataset[2]["image"].resize((width, height)), (0, height))
new_image.paste(dataset[3]["image"].resize((width, height)), (width, height))

for idx in range(4):
    print(dataset[idx]["text"])

display(new_image)
```

▲ 圖 6-16 訓練資料視覺化

　　當然讀者也可以使用自己手中的影像訓練原創 LoRA 模型。舉例來說，插畫師可以使用自己曾經的作品訓練代表自己風格的專屬模型以輔助創作。Stable Diffusion 模型的微調需要同時使用影像和影像標題。針對我們手中的影像，可以使用 BLIP 模型生成標題。

　　儘管 CLIP 和 BLIP 模型的名稱相似，它們的用途和特點卻有著明顯的差異。CLIP 模型透過對比學習方法，使用巨量的影像 - 文字對資料訓練一個影

6.3 Stable Diffusion 程式實戰

像編碼器和一個文字編碼器。這兩個編碼器的結合,使得 CLIP 能夠在跨模態檢索任務中表現出色,例如根據文字找到匹配的影像,或相反的任務。此外,CLIP 的文字編碼器能夠有效提取文字特徵,輔助 AI 影像生成模型生成使用者期望的影像。

而 BLIP 模型在實現了 CLIP 模型的基礎功能外,還增加了一個關鍵的組成部分——一個類似於 ChatGPT 的語言模型。這使得 BLIP 不僅能夠處理影像與文字之間的連結,還能夠為影像生成詳盡的文字描述。使用 BLIP 模型前,需要先在命令列終端登入 Hugging Face 帳號,保證程式能夠存取到 Hugging Face 伺服器上的 BLIP 模型權重,登入方法如下所示:

```
huggingface-cli login
# 密碼在 Hugging Face 帳號的 Setting 頁面獲取
```

程式清單 6-7 所示為使用 BLIP 為影像生成標題的過程,圖 6-17 所示為生成標題結果。

→ 程式清單 6-7

```python
from transformers import BlipProcessor, BlipForConditionalGeneration
from PIL import Image
import requests

def generate_image_caption(image_path):
    # 初始化處理器和模型
    processor = BlipProcessor.from_pretrained("Salesforce/blip-image-captioning-base")
    model = BlipForConditionalGeneration.from_pretrained("Salesforce/blip-image-captioning-base")

    # 開啟影像檔
    if image_path.startswith('http'):
        image = Image.open(requests.get(image_path, stream=True).raw)
    else:
        image = Image.open(image_path)
```

6-27

```
# 前置處理影像並生成標題
inputs = processor(image, return_tensors="pt")
outputs = model.generate(**inputs)
caption = processor.decode(outputs[0], skip_special_tokens=True)

return caption

# 範例：為影像生成標題
image_path = 'path_to_your_image.jpg'  # 替換為讀者的影像路徑或 URL
caption = generate_image_caption(image_path)
print("Generated Caption:", caption)
```

Generated Caption: a drawing of a woman with long hair

Generated Caption: a woman in a red dress holding a piece of food

▲ 圖 6-17 使用 BLIP 模型生成的影像標題

6.3.2 基礎模型的選擇與使用

要訓練出理想的 LoRA 模型，選擇一個生成風格與訓練目標生成風格接近的基礎模型，會大大降低訓練難度。舉例來說，訓練目標是某個生成「二次元」風格的 LoRA 模型，那麼擅長生成動漫風格的 Anything 系列模型就比擅長生成寫實人像風格的 ChilloutMix 模型更合適。

6.3 Stable Diffusion 程式實戰

對於 Hugging Face 中的各種 Stable Diffusion 模型，只需透過模型的 `model_id`，便可以直接在程式中下載和使用這些模型。以使用 Counterfeit-V2.5 模型為例，先獲取它的 `model_id`，如圖 6-18 所示。

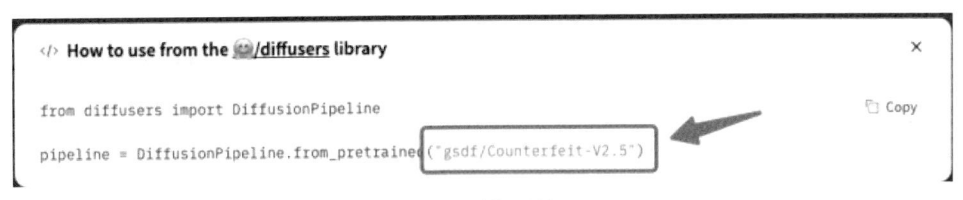

▲ 圖 6-18 獲取模型的 `model_id`

之後，透過程式清單 6-8 所示的方法，透過 `model_id` 下載並載入模型。其中的 `model_id` 可以靈活切換成其他開放原始碼模型。

→ 程式清單 6-8

```
import torch
from diffusers import DiffusionPipeline
from diffusers import DDIMScheduler, DPMSolverMultistepScheduler,
    EulerAncestralDiscreteScheduler
pipeline = DiffusionPipeline.from_pretrained("gsdf/Counterfeit-V2.5")
```

然後透過程式清單 6-9 所示的方法，完成採樣器設置、文字描述設置等操作，便可以完成影像生成。

→ 程式清單 6-9

```
# 切換為 DPM 採樣器
pipeline.scheduler = DPMSolverMultistepScheduler.from_config(pipeline.scheduler.
                    config)
prompt = "((masterpiece,best quality)),1girl, solo, animal ears, rabbit"
negative_prompt = "EasyNegative, extra fingers,fewer fingers,"
images = pipeline(prompt, width = 512, height = 512, num_inference_steps=20,
                guidance_scale=7.5).images
```

6.3.3 一次完整的訓練過程

了解了訓練資料的準備和基礎模型的選擇，接下來進行 Stable Diffusion 模型的微調。在命令列終端中使用以下命令將訓練程式下載到本地環境（須確保訓練用的電腦帶有英偉達顯示卡）。

```
wget https://github.com/huggingface/diffusers/blob/774f5c45817805546ae5eb914c175d4fe72dcfe9/examples/text_to_image/train_text_to_image_lora.py .
```

建立一個 run.sh 指令稿，如程式清單 6-10 所示。

➜ 程式清單 6-10

```
export MODEL_NAME="CompVis/stable-diffusion-v1-4"
export DATASET_NAME="m1guelpf/nouns"

accelerate launch --mixed_precision="fp16" train_text_to_image_lora.py \
  --pretrained_model_name_or_path=$MODEL_NAME \
  --dataset_name=$DATASET_NAME --caption_column="text" \
  --resolution=512 --random_flip \
  --train_batch_size=1 \
  --num_train_epochs=10 --checkpointing_steps=5000 \
  --learning_rate=1e-04 --lr_scheduler="constant" --lr_warmup_steps=0 \
  --seed=42 \
  --output_dir="nouns-model-lora" \
  --validation_prompt="a pixel art character with square blue glasses, \
    a mouse-shaped head and green-colored body on a warm background"
```

在命令列終端中使用以下命令執行啟動指令稿 run.sh，耐心等待 LoRA 模型訓練完成即可。

```
sh run.sh
```

6.3 Stable Diffusion 程式實戰

需要注意，上面啟動指令稿中用到的基礎模型是 Stable Diffusion 1.4，我們可以在 Hugging Face 中獲取其他基礎模型的 **model_id** 進行切換。例如將程式清單 6-10 中的第一行按照程式清單 6-11 所示的方式進行修改，便可以將基礎模型切換為 Anything V5 模型。

→ 程式清單 6-11

```
export MODEL_NAME= "stablediffusionapi/anything-v5"
```

程式清單 6-12 是訓練指令稿中 VAE 模型和 CLIP 文字編碼器部分的載入程式（相比於原始擴散模型多出的部分），在訓練過程中這兩部分模型權重是不需要更新的。

→ 程式清單 6-12

```
tokenizer = CLIPTokenizer.from_pretrained(
    args.pretrained_model_name_or_path, subfolder="tokenizer", revision=args.revision
)

text_encoder = CLIPTextModel.from_pretrained(
    args.pretrained_model_name_or_path, subfolder="text_encoder", revision=
    args.revision
)

vae = AutoencoderKL.from_pretrained(
    args.pretrained_model_name_or_path, subfolder="vae", revision=args.revision
)

unet = UNet2DConditionModel.from_pretrained(
    args.pretrained_model_name_or_path, subfolder="unet", revision=args.non_
    ema_revision
)

# 將 vae 和 text_encoder 的參數凍結，保證訓練過程中權重不更新
vae.requires_grad_(False)
text_encoder.requires_grad_(False)
```

第 6 章　訓練自己的 Stable Diffusion

　　Stable Diffusion 模型微調的核心過程如程式清單 6-13 所示。在這個過程中，VAE 模型首先將影像壓縮到潛在空間，然後隨機採樣一步雜訊完成加入雜訊過程，CLIP 文字編碼器提取文字特徵，帶雜訊影像、時間步編碼和文字特徵一起作為 U-Net 模型的輸入，用於預測當前時間步加入的雜訊。

➔ 程式清單 6-13

```
for epoch in range(num_train_epochs):
    for step, batch in enumerate(train_dataloader):

        # VAE 模型將影像壓縮到潛在空間
        latents = vae.encode(batch["pixel_values"].to(weight_dtype))
                .latent_dist.sample()

        # 生成隨機雜訊，並計算得到第 t 步的加入雜訊影像
        noise = torch.randn_like(latents)
        timesteps = torch.randint(0, noise_scheduler.config.num_train_timesteps)
        noisy_latents = noise_scheduler.add_noise(latents, noise, timesteps)

        # 使用 CLIP 將文字描述作為輸入
        encoder_hidden_states = text_encoder(batch["input_ids"])[0]
        target = noise

        # 預測雜訊並計算損失
        model_pred = unet(noisy_latents, timesteps, encoder_hidden_states).sample
        loss = F.mse_loss(model_pred.float(), target.float(), reduction="mean")
        optimizer.step()
```

　　模型訓練完成後，我們便可以使用得到的 LoRA 模型生成影像，如程式清單 6-14 所示。第 8 行的文字描述可以根據使用者的想法靈活更換。影像生成效果如圖 6-19 所示，可以看到，訓練得到的 LoRA 模型學到了 m1guelpf/nouns 資料集中影像風格的「精髓之處」，影像的配色和線條都和資料集中影像的配色和線條相似。

6.3 Stable Diffusion 程式實戰

→ 程式清單 6-14

```
from diffusers import StableDiffusionPipeline
import torch
model_path = " 你的 LoRA 路徑 /sd-model-finetuned-lora-t4"
pipe = StableDiffusionPipeline.from_pretrained("stablediffusionapi/anything-
       v5", torch_dtype=torch.float16)
pipe.unet.load_attn_procs(model_path)
pipe.to("cuda")
prompt = "a pixel art character with square orange glasses, a faberge-shaped
         head and a magenta-colored body on a cool background"
# prompt = "a pixel art character with square black glasses, a crocodile-
           shaped head and a gunk-colored body on a cool background"
image = pipe(prompt, num_inference_steps=30, guidance_scale=7.5).images[0]
image.save("pixel_art.png")
```

a pixel art character with square orange glasses, a faberge-shaped head and a magenta-colored body on a cool background

a pixel art character with square black glasses, a crocodile-shaped head and a gunk-colored body on a cool background

▲ 圖 6-19 微調模型的生成效果測試

6-33

6.4 小結

本章介紹了 AI 影像生成模型的實操。

首先本章討論了低成本訓練神器 LoRA，講解了它的原理，以及如何將其應用於 Stable Diffusion 模型的實際訓練過程。之後本章引入了 Stable Diffusion WebUI 工具，介紹了它的安裝方法和基本使用技巧，帶領讀者體驗了 Stable Diffusion 模型的各項功能，並探索了開放原始碼社區中的模型和多模型融合的技巧。最後，本章進行了實戰操作，從準備訓練資料到選擇基礎模型，最終使用 LoRA 微調了一個 Stable Diffusion 模型，帶領讀者體驗了從理論到實踐的完整過程。

期待讀者能夠運用本章的知識，探索自己的 AI 影像生成旅程，開啟無限的創意和可能。

深智數位
股份有限公司

深智數位
股份有限公司